BIBLIOTHÈQUE
DES MERVEILLES

PUBLIÉE SOUS LA DIRECTION

DE M. ÉDOUARD CHARTON

———

LES ARMES

ET

LES ARMURES

PARIS. — TYPOGRAPHIE LAHURE

Rue de Fleurus, 9

BIBLIOTHÈQUE DES MERVEILLES

LES ARMES

ET

LES ARMURES

PAR

P. LACOMBE

TROISIÈME ÉDITION

ILLUSTRÉE DE 60 VIGNETTES SUR BOIS

PAR H. CATENACCI

PARIS

LIBRAIRIE HACHETTE ET Cⁱᵉ

79, BOULEVARD SAINT-GERMAIN, 79

1877

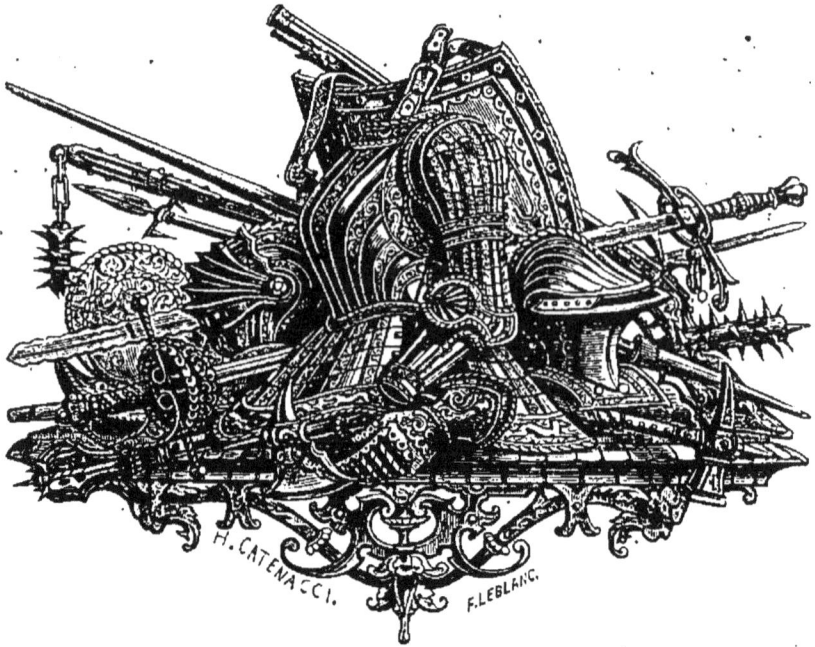

LES ARMES ET LES ARMURES

I

ARMES DE L'AGE DE PIERRE

Il est inutile de se demander si la première arme a été inventée par l'homme pour se défendre contre ses semblables ou contre les grands animaux; il est certain que l'homme a dû s'armer dès qu'il a paru sur la terre.

On est disposé à croire aujourd'hui que le genre

humain est bien plus ancien qu'on ne le croyait il y a trente ou quarante ans. Il n'est personne qui n'ait entendu parler des découvertes de M. Boucher de Perthes et des armes antédiluviennes, trouvées d'abord dans certaines localités, puis, quand tout le monde s'en est mêlé, un peu partout. Si la très-haute antiquité de ces armes était admise, l'homme aurait été le contemporain du *Bos primigenius*, de l'*Elephas giganteus* et du grand ours des cavernes, qui avait la taille d'un bœuf. Il aurait combattu ces monstrueuses bêtes ; il les aurait pourchassées.

Le couteau, la flèche lancée avec un arc ou à la main (c'est-à-dire le javelot), la hache, voilà les armes des premiers hommes. On a trouvé des spécimens de chacune d'elles dans les localités les plus diverses. Elles sont invariablement en pierre, ce qui a fait donner à ce premier âge de l'humanité le nom d'âge de pierre.

Où commence l'âge de pierre? On n'en sait rien. Il est impossible, comme on peut bien penser, de compter les années, et même les siècles, entre l'apparition de l'homme sur la terre et l'époque, elle-même assez indéterminée, où l'histoire commence. Où finit-il? On le sait à peine. L'usage des armes en pierre s'est maintenu durant tout l'âge de bronze (c'est-à-dire celui où les armes furent faites en bronze et qui répond aux premiers temps de la Gaule; aux temps des civilisations égyptiennes, assyriennes, homériques); il s'est prolongé durant l'âge de fer (on désigne par ce nom l'époque où le bronze a été généralement remplacé par le fer), et si loin prolongé qu'on retrouve encore des lances et des flèches en pierre vers le huitième siècle de notre ère, entre les mains des Normands.

Les armes de l'âge de pierre sont presque exclusivement faites en silex. Il fallait nécessairement une pierre de cette dureté pour obtenir de bons résultats, avec les procédés de confection dont l'homme primitif disposait.

Il choisissait probablement une pierre ayant déjà une tendance à la forme qu'il prétendait lui donner ; puis avec une seconde pierre il frappait à petits coups secs sur la première, de façon à en détacher des éclats. Notez que quand il frappait sur la pierre, les éclats qui s'en détachaient partaient, non de la surface frappée, mais de la surface opposée, de la surface de dessous qu'il ne voyait pas. Il fallait donc suppléer à la vue par une précision et une certitude de main vraiment extraordinaires.

Ces ouvriers, si sauvages qu'on les suppose à d'autres égards, faisaient preuve déjà de ce génie patient et volontaire qui honore le genre humain. Déjà aussi il y avait entre tel d'entre eux et tel autre des différences aussi considérables, relativement, que celles qui peuvent exister entre un bon et un mauvais artiste de notre temps.

A force d'étudier ces produits, qui, au premier
abord, paraissaient d'une rusticité égale, on est
arrivé à distinguer sûrement les cachets propres aux
divers pays, aux divers temps, exactement comme
on le fait pour les œuvres de l'art le plus compli-
qué ; on a pu avancer que certaines contrées fournissaient d'ordinaire des ouvriers excellents, tandis
que certaines autres n'en produisaient que de mé-
diocres ; on a pu diviser cet immense laps de temps
qui précède le dernier déluge en époques de décadence et en époques de renaissance.

Cela dit, venons à nos armes, ou plutôt renvoyons
le lecteur pour en prendre une idée à la page 7,
car la forme de ces armes échappe à la description
par une complication de lignes qui est la suite nécessaire des procédés de confection.

Comment ces haches (voir p. 7, n° 1), comment ces
bouts de flèches s'emmanchaient-ils? Pour les bouts
de flèches, on pense bien qu'il ne pouvait pas être
question de les terminer en douille, comme sont les
flèches en métal. A supposer qu'on eût pu parvenir
à percer un trou dans le silex, de manière à y introduire le manche, les parois du trou auraient éclaté
au premier choc. On ne put faire que ce que font
encore les peuples qui arment leurs flèches avec
des pierres pointues. On enfonçait les bouts de
flèche dans un manche fendu et on maintenait le
tout par des liens de peau (voir p. 7, n° 6). Quant

aux haches, on en trouve qui sont visiblement faites pour être mises au bout d'un manche, d'autres, au contraire, pour être maniées directement. Celles-ci ont subi un polissage afin de ne pas blesser la main, du côté où elles devaient être prises. Parfois même elles présentent un trou pour passer le pouce. Les autres s'emmanchaient comme on peut le voir p. 7, nos 2 et 10, 8 et 9. Peut-être les hommes antédiluviens connaissaient-ils déjà les divers moyens ingénieux dont on se servit plus tard, et dont se servent encore les sauvages, pour obtenir une adhérence solide des deux parties de l'arme (voyez page 14).

Les hommes de ce temps-là ont-ils su polir leurs pierres? Oui, c'est à peu près certain. Une connaissance si simple ne passait pas l'intelligence de ces ouvriers qui exécutaient chaque jour des opérations bien plus délicates. Cependant on ne trouve pas pour cette époque les haches lisses, qu'on rencontre plus tard parmi les armes des premiers Celtes et d'autres peuples postérieurs; d'où vient cela? L'explication du fait, ce qui étonnera peut-être le lecteur, est toute à l'avantage de l'homme antédiluvien. Il avait reconnu, paraît-il, ce qui est vrai, que la hache lisse est inférieure, pour les divers usages qu'on peut demander à cette arme, à la hache irrégulière et hérissée d'esquilles, si grossière que celle-ci puisse paraître au premier abord.

En deçà de la dernière révolution géologique, et par conséquent dans cette période de l'histoire terrestre où nous sommes encore, mais avant les temps qu'on nomme historiques, c'est-à-dire avant le point assez indéterminé où la tradition humaine commence, on retrouve l'homme armé de la même manière qu'il l'était avant la révolution en question. Il ne connaît pas plus qu'auparavant l'usage des métaux; il continue de faire la chasse ou la guerre avec des couteaux, des haches et des flèches en silex.

Ces armes présentent-elles quelque différence de forme qui permette de les distinguer sûrement des armes analogues de l'âge antérieur? M. Boucher de Perthes, la principale autorité en cette matière, l'affirme positivement. Selon lui, on peut reconnaître les produits de l'art antédiluvien à ce qu'ils offrent des éclats relativement petits et de toutes formes, tandis que ceux de l'art antéhistorique se présentent comme façonnés par des éclats plus considérables et de forme allongée.

On pourrait ajouter, ce me semble, que les armes du second âge se profilent avec beaucoup plus de netteté, et que déjà elles dessinent vaguement les contours qu'auront plus tard les armes en bronze, contours typiques que tout le monde connaît. Il n'y a qu'à jeter les yeux sur des objets comme ceux-ci (n° 12), pour reconnaître tout de suite que ce sont des bouts de flèches ou de javelots. Il est vrai qu'ils appartiennent à la période la plus moderne, des temps antéhistoriques.

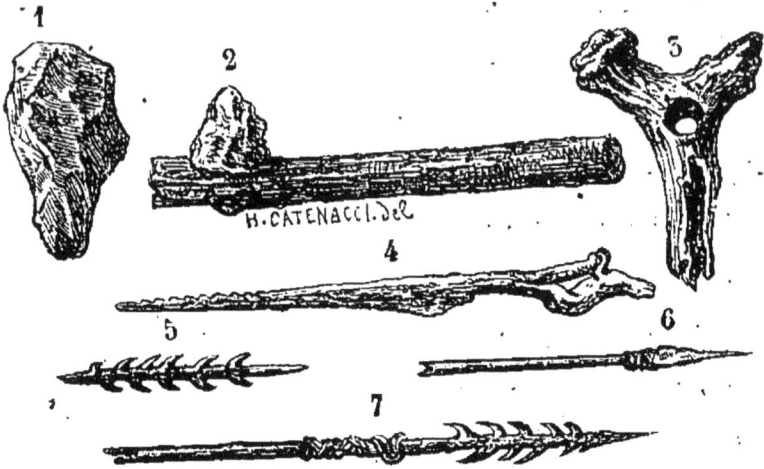

Fig. 1. — Armes de l'âge de pierre.

Parmi les armes de cet âge, il en est qui révèlent chez les auteurs le sentiment de l'élégance et de la

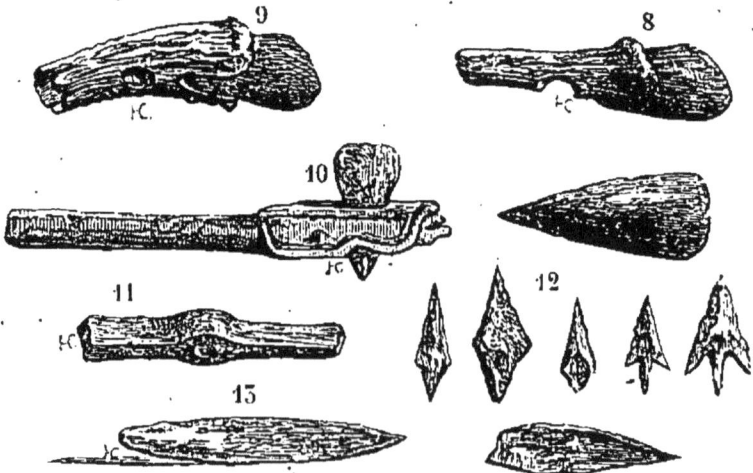

Fig. 2. — Armes de l'âge de pierre. — Le n° 13 est un couteau.

beauté : ainsi la hache qu'on est convenu d'appeler hache des dolmens, polie avec soin, dessinée en forme d'un grand œuf aplati, a un galbe réellement artistique ; ainsi encore certaines pointes de flèches, barbelées, taillées à petits éclats, dont l'aspect donne l'idée d'une délicatesse et d'une sûreté de main extraordinaires.

Ajoutons, parmi les traits qui distinguent le premier âge d'avec le second, qu'on rencontre dans celui-ci des flèches en os, des casse-tête en bois simple, ou plus souvent encore en bois de cerf (n°s 3, 4, 5, 7), et une petite hache, percée d'un trou à son milieu pour introduire le manche, et qui offre ainsi l'idée première et la forme originelle de la douille (n° 11).

II

————

J'ai déjà dit qu'on est convenu d'appeler âge de bronze la période durant laquelle les hommes firent avec du bronze, c'est-à-dire avec un mélange de cuivre et d'étain, leurs ustensiles de ménage et surtout leurs armes ; et cela faute de connaître le fer ou de savoir le travailler. Je répète que ces périodes dites de pierre, de bronze, de fer, entrent les unes dans les autres, en ce sens qu'on voit les hommes se servir encore d'armes de pierre, lorsque les armes en bronze sont connues depuis longtemps, puis continuer l'usage de ces dernières longtemps après l'invention des armes en fer. Ainsi les Romains n'avaient que des armes en fer, soit pour la défense, soit pour l'attaque, lorsqu'ils envahirent les Gaules, et parmi les Gaulois, dans le même temps, les uns avaient des armes en fer, tandis que

les autres continuaient à employer les armes de
bronze.

Dans ce chapitre, nous parlerons des armes des
Gaulois, de celles des Assyriens et de celles des
Grecs au temps de la guerre de Troie. Si nous nous
taisons sur le compte des autres peuples contemporains, c'est par l'excellente raison que les monuments manquent, et qu'en vouloir parler à toute
force, ce serait servir sciemment au lecteur des
conjectures en place de renseignements.

ARMES ASSYRIENNES

Les récentes découvertes de M. Botta à Ninive
nous permettent de donner quelques détails précis
sur l'équipement des Assyriens. Commençons par
les armes défensives.

Le bouclier qu'on voit sur les monuments de ce
peuple est rond, généralement formé de cercles
concentriques ; en métal ? en bois ? c'est ce qu'il est
impossible de savoir. Ces cercles apparaissent à l'œil
quand le bouclier présente sa face intérieure. Il est
probable qu'extérieurement il était revêtu d'une
lame unique ou d'une peau qui servait de support
commun aux cercles dont je viens de parler. On voit
d'autres boucliers, ronds aussi, qui offrent l'aspect
le plus curieux ; ils apparaissent réticulés comme
s'ils étaient en maçonnerie, et de fait il ne serait

pas impossible qu'ils fussent composés de briques
en bois, maintenues ensemble par un cadre de fer.

Fig. 5. — Armes assyriennes.

Nulle part on n'aperçoit distinctement de cuirasse,
ni de grevière, comme en avaient les Grecs. Les
guerriers assyriens sont simplement vêtus d'une
longue tunique en étoffe massive et à poils longs,
probablement en peau de chèvre. Quelques-uns
présentent une espèce de justaucorps d'une physionomie plus militaire et qui, d'après les apparences,
semble avoir été fait avec des cordelettes nattées.
Cet ouvrage de sparterie, plus propre à résister aux
coups que la tunique ordinaire, pourrait être consi-
déré à la rigueur comme la cuirasse des Assyriens.
Le casque, en métal sans doute, est formé d'une
calotte surmontée la plupart du temps d'une sorte
de corne recourbée en avant, et sa physionomie est
peu agréable (voir p. 12).

Les armes offensives sont : l'épée, l'arc, la masse d'armes, la lance ou le javelot. Presque tous les guer-

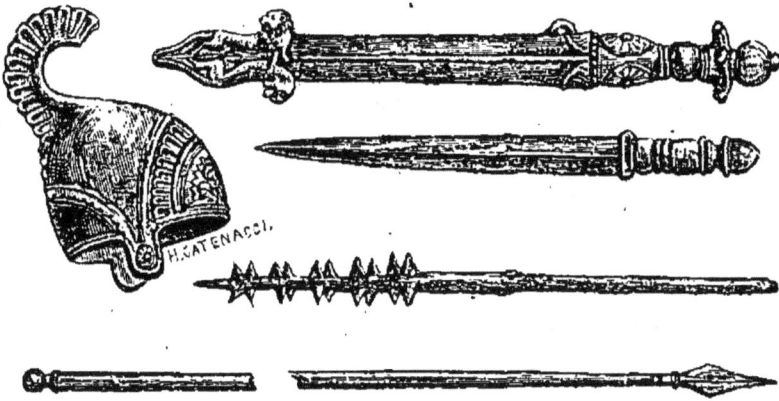

Fig. 4. — Armes assyriennes.

riers portent l'épée sur le flanc gauche, passée dans une ceinture qui la maintient presque horizontale ; elle est courte et offre à peu près les dimensions d'une dague. Autant qu'on peut en juger, car elle est toujours en fourreau, elle était large, aiguë et à deux tranchants. Sa poignée est d'une forme assez extraordinaire : c'est un simple manche, qui se profile comme des segments de boule diversement coupés, mis bout à bout ; il n'y a ni garde, ni croisée. Le fourreau est garni ordinairement d'une bouterolle, ornementée toujours dans le même style ; ce sont des animaux, des lions par exemple, couchés sur la bouterolle dans le sens de l'épée, et présentant une assez forte saillie.

L'arc, qui semble avoir été d'un usage très-général, est d'une grandeur moyenne. Hors du champ de bataille, on le détendait à moitié et on le passait sur l'épaule, où il restait appendu. Même position pour le carquois, que soutient une cordelette ou une tresse.

La masse d'armes est assez difficile à reconnaître à première vue. On la prendrait aisément pour un sceptre, dont elle a la forme générale[1], n'était une courroie formant anneau, qu'on remarque à l'extrémité de son manche, et dans laquelle on engageait sans doute la main pour tenir l'arme plus sûrement, comme font encore aujourd'hui nos paysans avec leur bâton de pommier.

La lance, de la longueur de l'homme à peu près, à manche lisse, à fer oblong, servait à la fois comme arme d'hast et comme arme de jet, à la façon des javelines dont parle Homère.

Deux observations pour finir : Les Assyriens, au moins les chefs, combattaient, comme les Grecs d'Homère, sur des chars de guerre dont la forme se rapproche beaucoup de celle du char grec. Ils avaient des machines de siége : l'une d'elles, dont la figure se représente souvent, est un grand chariot formé de claies, dans lequel on enfermait des soldats, et qu'on poussait ensuite vers les murailles ou vers une porte. Par une fente pratiquée sur le devant du chariot, on voit dans les monuments sortir une grosse pique avec laquelle les soldats essayent d'entamer la pierre ou le bois. Mettaient-ils

---

[1] Celle de la page 12 a une forme tout à fait exceptionnelle.

cette lance en mouvement par la seule force des bras ou par mécanisme? c'est ce qu'on ne peut savoir. On voit encore des guerriers qui tentent de brûler les portes avec des lances garnies à leur extrémité de compositions incendiaires, ce qui prouve que ces compositions remontent à la plus haute antiquité.

ARMES DES GAULOIS

La hache, ou plutôt les haches gauloises, ont toutes à peu près la même forme quant au fer; quant à l'emmanchement, elles présentent des différences intéressantes. Le fer (il faudrait dire le bronze), oblong, évasé du côté du tranchant, se profile selon deux lignes droites ou légèrement concaves. Celui qu'on rencontre le plus fréquemment, sans arêtes ni creux, n'a pu s'emmancher que dans un bâton fendu par le bout, et le tout était maintenu avec des lanières de cuir ou des nerfs (voy. p. 15, n°s 1 et 2).

Les sauvages ont un procédé que nos aïeux connaissaient sans doute. Quand on enfonce une hache dans la fente d'un bâton, cela tient médiocrement; mais si on l'insère dans une branche d'arbre et qu'on l'y laisse un an, comme l'arbre croît et que le bois tend à se rejoindre, la hache, serrée entre ces deux espèces de pinces, s'en échappe difficilement; elle fait presque corps avec la branche. Voilà ce que les sauvages savent parfaitement, et ce que les Gaulois pratiquaient aussi, suivant toute probabilité. Ce procédé est en usage encore aujourd'hui parmi les sauvages de l'océan Pacifique; leurs casse-tête nous expliquent les haches de nos ancêtres. L'habitude et la nécessité ont appris, en outre, à ces sauvages à faire diverses ligatures très-solides. Nous autres civilisés, nous ne soupçonnons pas tout le parti qu'on peut tirer d'un simple nœud, et surtout combien on peut le varier. Il est à croire que nos ancêtres, au moins aussi bien doués que les sauvages de l'océan Pacifique, connaissaient comme eux ces nœuds compliqués, ces ligatures savantes, qui rendent des services surprenants.

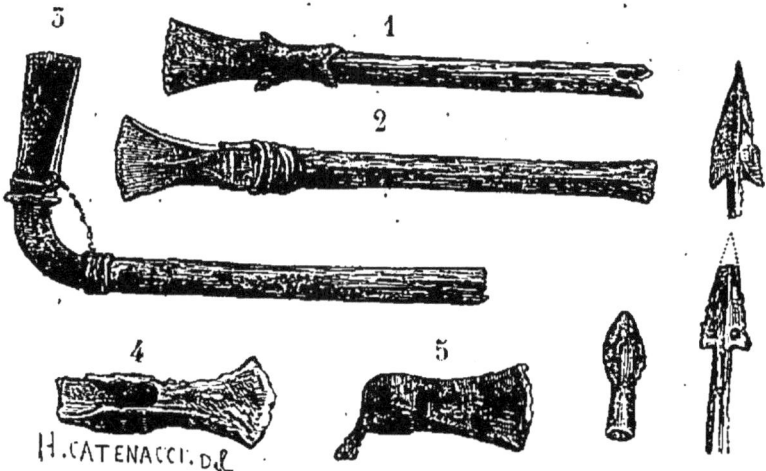

Fig. 5. — Armes celtiques. — Le n° 5 est une hache à douille plus moderne sans nul doute que les précédentes.

La hache, qui porte le nom de *celt* (n° 3), est une espèce de coin. Dressée sur son tranchant, elle se

profile comme une cannette, d'autant qu'elle présente un rebord à son extrémité supérieure et une
sorte d'anse ; ce qui complète sa ressemblance, c'est
qu'elle est creuse. Dans ce trou qui formait douille,
on enfonçait un manche qui, quelques pouces plus
bas, se recourbait. Une courroie passée dans l'anse,
enroulée au bas de la saillie formée par le bord,
puis autour du manche, maintenait l'assemblage.

Autres méthodes d'emmanchement : La hache à sa
partie postérieure était creusée de deux larges rainures : on appliquait dans ces rainures les branches
du manche, et on liait le tout avec des courroies de
cuir et même de bronze; ou bien encore les bords
de la hache, toujours à sa partie postérieure, étaient
relevés de manière à former une demi-douille de
chaque côté (p. 15, n° 4). Les branches du manche
s'engageaient dans ces demi-douilles : elles y tenaient solidement, même sans le secours de liens.
Seulement le recul de la hache, quand on donnait
un coup vigoureux, devait faire fendre le manche.

L'épée gauloise (du moins l'arme qu'on offre sous
ce nom dans la plupart des musées, et notamment
au Musée d'artillerie à Paris), en bronze, est longue,
aiguë, tranchante des deux côtés et rappelle par sa
forme la feuille de sauge (p. 19, n° 1), comme l'épée
grecque ; elle est très-différente par conséquent de
l'épée romaine, avec qui elle aura affaire. Pour la
poignée, elle offre deux types : dans l'un, la soie est

à peu près aussi large que la lame, elle est percée de trous ; on applique dessus de chaque côté une planchette et on enfonce des rivets qui, traversant le bois des deux côtés et passant dans les trous, maintiennent le tout. Dans l'autre type, la lame n'a pas de soie : elle finit par un large talon ; celui-ci porte deux ou trois longs clous saillants, dans le même sens que la lame ; en les enfonçant dans un petit cylindre de bois, cela forme tout de suite une poignée, mais naturellement fort peu solide.

Il faut dire que ces épées en bronze sont très-suspectes à d'excellents archéologues.

Dans leur opinion, elles seraient non pas gauloises, mais romaines ; et, en ce cas, il faudrait les considérer comme des spécimens de l'épée grecque, imitée par les Romains dans les derniers temps de l'empire, où ils empruntèrent des armes aux peuples les plus divers. La ressemblance dont nous avons parlé s'expliquerait alors tout naturellement. Ce qu'il y a de sûr, c'est que rien ne ressemble moins que ces épées aux longues armes pliantes et à pointe camarde que les historiens romains nous décrivent pour les avoir vues entre les mains des Gaulois, en Italie.

C'est par l'épée que, chez les Gaulois, le fer commença à se substituer dans les armes au bronze son aîné, et ce fut, il faut le dire, une innovation malheureuse pour les Gaulois. Ils ne surent jamais fabriquer une bonne épée avec cette matière, et ils furent vaincus, au moins dans les batailles qu'ils livrèrent aux Romains durant la période de leur établissement en Italie, non faute de courage, mais faute d'industrie. Ainsi à Télamone où, unis avec les Samnites et avec les Étrusques, ils parurent un moment près d'étouffer la puissance naissante de Rome, ils essuyèrent finalement une terrible défaite qui décida du sort de leurs colonies en Italie, et cela par les torts de cette épée. On ne peut pas dire que les Romains fussent alors en discipline et en tactique militaire les maîtres qu'ils furent plus tard. Mais déjà ils mettaient dans le choix de leurs armes un soin et un discernement que nos ancêtres ne connurent jamais. On le vit bien ce jour-là : l'épée mal trempée du Gaulois se ployait aux premiers coups, et tandis qu'il la mettait sous le pied pour la redresser, le Romain avait tout le temps de le percer de son glaive rigide et acéré.

Longtemps les Gaulois répugnèrent à toute espèce d'armes défensives ; peu à peu cependant les chefs en adoptèrent l'usage, à l'imitation des Grecs et des Romains, avec qui les rapports devenaient chaque jour plus fréquents, je ne dis pas plus amicaux. Le casque, adopté par les chefs gaulois, fut le casque romain, mais ils y ajoutèrent des appendices qui en changeaient singulièrement l'aspect, tels que des cornes de chèvre, de taureau, des ailes

d'oiseaux, etc. La cuirasse fut, comme chez les
Grecs et les Romains, tantôt composée de deux plaques de métal, bronze ou fer, tantôt formée d'un
tissu de mailles : seulement la cuirasse fut toujours
une rareté parmi les Gaulois. — Le bouclier devint
d'un usage beaucoup plus commun. On le formait
d'une claie d'osier recouverte de cuir ou de planches assemblées, et pour l'orner on y clouait au
centre une tête d'animal, ou un fleuron ou un
masque en bronze repoussé. Ceux qu'on voit figurés
sur l'arc de triomphe d'Orange, de forme hexago-

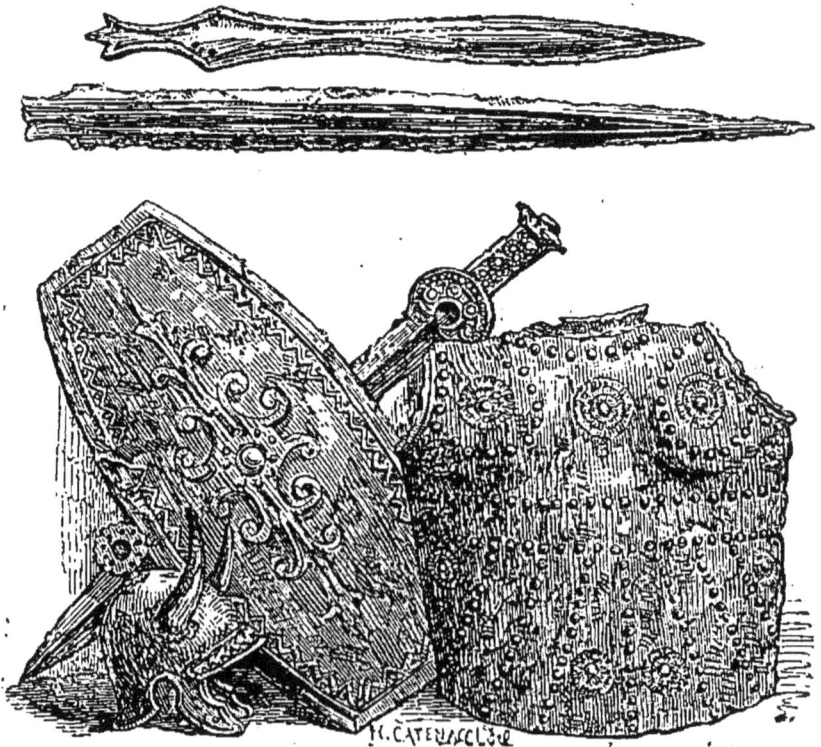

Fig. 6. — Armes gauloises. — Le n° 2 est une épée gallo-romaine
des temps de l'empire.

nale, présentent, outre cette décoration centrale, des rinceaux disposés la plupart du temps sur une sorte d'arbre longitudinal. Ces rinceaux probablement étaient tantôt peints, tantôt obtenus par des applications de bois ou de métal.

Mais à ce propos il y a une observation que tout le monde peut faire et qui diminue singulièrement l'autorité des monuments anciens : c'est que les Romains, qui représentaient tous les *peuples barbares* habillés à peu près de même, leur prêtaient aussi des armes à peu près semblables, et, par exemple, les armes gauloises qu'on voit sur cet arc d'Orange ont d'étonnants rapports avec les armes des Daces, figurées sur la colonne Trajane.

ARMES GRECQUES DES TEMPS DITS HÉROIQUES

Ici les monuments figurés nous manquent, mais nous avons Homère, le plus précis et le plus net des poëtes. Donnons-lui la parole tout de suite, avec le profond respect qui lui est dû.

« Il dit, et, brandissant sa longue javeline, elle vole. L'illustre Hector, qui l'a épiée, l'évite en se penchant à terre. La pointe va se ficher dans le sable: Minerve qui, invisible, préside au combat, arrache l'arme du sol et la rend à Achille. Hector, à son tour, brandit la longue javeline, elle vole sans s'égarer et frappe le milieu du divin bouclier (divin parce qu'un dieu, Vulcain, l'a fabriqué) qui la repousse. Hector tire alors la grande et tranchante épée suspendue à ses flancs, se ramasse sous ses armes et fond sur Achille. Celui-ci l'attend en brandissant sa javeline. Il cherche par où pénétrer, malgré les nobles armes d'airain qui couvrent tout entier le beau corps de son rival. Il voit enfin la gorge à découvert, il y pousse son javelot, sa pointe plonge tout entière dans le cou délicat. »

Presque tous les détails de l'équipement grec sont dans ce passage. Il faut les en tirer et les développer par d'autres passages. Les armes offensives, on le voit, sont l'épée et le javelot ou la javeline. Celle-ci joue le principal rôle, et ce n'est que quand il l'a perdue, que le héros saisit son épée. La javeline est *longue*. Homère lui donne rarement une autre épithète; elle devait être aussi lourde, car on ne la lançait qu'à très-courte distance. Dans le duel qu'Hector a eu précédemment avec Ajax, les deux héros se sont lancé leurs javelines, mais elles se sont arrêtées dans l'épaisseur des boucliers. « Tous deux les ramènent alors et fondent l'un sur l'autre. » Il me semble qu'ils n'aient eu qu'à se baisser pour les reprendre.

La javeline servait aussi d'arme d'hast, c'était une véritable lance; son fer était long et large, non barbelé, son manche en bois de frêne. « Cependant Achille soulève le frêne du Pélion. » (Chant XXI.)

Homère donne à l'épée les épithètes de grande, de tranchante et de longue. Voici un passage qui montre qu'elle servait également à porter des coups de taille et des coups de pointe.

« Lycon et Pénélée (chant XVI) s'attaquent mutuellement. Leurs javelots s'égarent...., alors ils tirent l'épée. Lycon laisse tomber la sienne sur le cône du casque à flottante crinière, mais elle se brise à la poignée, tandis que Pénélée lui perce le cou au-dessous de l'oreille et plonge dans la blessure son glaive tout entier. »

Comment le guerrier la portait-il? Une autre citation va répondre.

« Hector (il venait de se battre avec Ajax dans un duel indécis et que les hérauts des deux armées firent cesser) dit à Ajax : « Échangeons de nobles « présents ... » Et il offre au fils de Télamon un glaive orné de clous d'argent avec son riche fourreau et un élégant baudrier. »

L'épée donc pendait à un baudrier passé sur l'épaule. Mais de quel côté pendait-elle? Rien ne l'indique, si ce n'est la longueur de l'arme. On sait, en effet, qu'il est impossible de porter sur le flanc droit un glaive tant soit peu long.

Passons aux armes défensives. Dans le passage qui sert de thème à nos commentaires, le bouclier est nommé clairement ; la cuirasse n'est qu'indiquée par ces mots : « les nobles armes d'airain qui couvrent son beau corps. » Voyons d'abord les dimensions et la structure du bouclier.

« Vulcain (à la prière de Thétis) fabrique d'abord (pour Achille) un bouclier vaste et solide, l'orne partout avec un art divin et le borde d'un triple cercle d'une blancheur éblouissante, d'où sort le baudrier d'argent. » Ce baudrier, c'est proprement la guige qui sert à suspendre le bouclier au corps et à le porter sur le dos. « Cinq lames forment le bouclier, et Vulcain prodigue sur la surface les merveilles de son admirable industrie. Il représente la terre, le ciel, la mer, le soleil infatigable et la pleine lune. Il représente tous les signes dont le ciel est couronné, les Pléiades, les Hyades, le fort Orion, l'Ourse, que le vulgaire appelle le Chariot, qui tourne aux mêmes lieux, en regardant Orion et seule n'a point part aux bains de l'Océan.

« Vulcain représente encore deux belles villes, demeures des hommes ; dans l'une on célèbre un mariage et de solennels festins. A la lueur des flambeaux, on conduit l'épouse par la ville, hors de la chambre nuptiale, et l'on invoque à grands cris l'hyménée ; de jeunes danseurs forment de gracieuses rondes ; au centre, la flûte et la lyre frappent l'air de leurs sons ; et les femmes, attirées sous leurs portiques, admirent ce spectacle. Plus loin à l'Agora, une grande foule est rassemblée ; de violents débats s'élèvent : il s'agit du rachat d'un meurtre :

l'un des plaideurs affirme l'avoir entièrement payé
et le déclare aux citoyens, l'autre nie l'avoir reçu.
Tous deux désirent que les juges en décident. Le
peuple, prenant parti pour l'un ou pour l'autre, ap-
plaudit cependant celui qu'il favorise. Les hérauts
réclament le silence, et les anciens assis dans l'en-
ceinte sacrée, sur des pierres polies, empruntent
les sceptres des hérauts à la voix retentissante. Ils
s'appuient sur ces sceptres, lorsqu'ils se lèvent et
prononcent tour à tour leur sentence. Devant eux
sont deux talents d'or, destinés à celui qui a le
mieux prouvé la justice de sa cause.

« Autour de l'autre ville sont rangées deux armées dont les armes étincellent, les assiégeants
agitent un double projet qui leur plait également,
ou de tout détruire, ou d'obtenir la moitié des
richesses que renferme la noble cité. Mais les assiégés refusent de se rendre ; ils s'arment pour une
embuscade ; ils laissent à la garde des remparts
leurs épouses chéries, leurs tendres enfants et les
hommes que la vieillesse accable, puis ils franchis-
sent les portes. A leur tête marchent Pallas et Mars,
tous les deux revêtus de tuniques d'or. A leur grande
taille, à l'éclat de leurs armures, on reconnaît des
dieux : le peuple est un peu moindre. Arrivés au
lieu de l'embuscade, au gué du fleuve limpide où
se baignent les troupeaux, ils s'arrêtent sans se dé-
pouiller de l'airain brillant et placent en avant deux

sentinelles, pour leur signaler l'approche des brebis et des noirs taureaux. Bientôt le bétail s'avance, deux pâtres le conduisent, et du son de la flûte charment leur labeur, ne soupçonnant point d'embûches. Les citoyens les voient les premiers, s'élancent, saisissent les bœufs, les blanches brebis, et massacrent les bergers. Cependant le tumulte, le mugissement des bœufs parviennent jusqu'à l'assemblée des assiégeants. Soudain ceux-ci montent sur leurs coursiers rapides et atteignent en un moment les bords du fleuve où le combat s'engage. Les javelines d'airain se croisent et portent de terribles coups. On distingue dans la mêlée la Discorde, le Désordre, et la Destinée destructive qui frappe l'un d'une cruelle blessure, épargne celui-ci, et tire par les pieds, sur le champ de bataille, cet autre que la mort vient de terrasser ; un vaste manteau enveloppe ses épaules et ruisselle de sang humain. L'art de Vulcain anime ces figures : on les voit combattre ; on les voit, des deux parts, emporter les morts.

« Vient ensuite une vaste et molle jachère, terrain fertile, qui se façonne trois fois ; plusieurs hommes le labourent, ils retournent le joug et se dirigent tantôt dans un sens, tantôt dans un autre ; à leur retour, vers la limite du champ, un serviteur leur verse une coupe de vin délicieux ; puis ils recommencent de nouveaux sillons, impatients de revenir encore au terme du profond guéret. Prodige de l'art !

le champ d'or prend sous leurs pas une teinte noire, comme celle de la terre fraîchement remuée.

« Plus loin, le dieu représente un enclos couvert d'une abondante récolte. Les moissonneurs y travaillent la faux à la main, et, le long des sillons, font tomber en gerbes les nombreux épis ; d'autres avec des liens attachent les javelles. Il y a trois botteleurs que suivent des enfants qui ramassent les gerbes, les portent dans leurs bras et sans relâche les mettent en monceaux. Au milieu de ses serviteurs, le roi de ce champ, debout sur les sillons, appuyé sur son sceptre, les regarde en silence et se réjouit en son cœur. A l'écart, les hérauts préparent sous un chêne un abondant repas ; ils ont sacrifié un énorme taureau qu'ils apprêtent : les femmes les secondent en saupoudrant les chairs de blanche farine.

« Vulcain représente encore une belle vigne dont les rameaux d'or plient sous le faix des grappes de raisins pourprés ; des pieux d'argent bien alignés la soutiennent, un fossé d'émail et une haie d'étain l'entourent : un seul sentier la traverse, pour les porteurs au temps de la vendange. Des vierges et des jeunes gens, aux fraîches pensées, recueillent, dans des corbeilles tressées, le fruit délectable. Au milieu d'eux un enfant tire de son luth les sons les plus suaves, et accompagne sa voix gracieuse du léger frémissement des cordes. Les vendangeurs frappent la terre en cadence et, battant du pied la mesure, répètent ses mélodies.

« Plus loin il trace un troupeau de bœufs à la tête superbe, où se mêlent l'or et l'airain ; ils se ruent en mugissant hors de l'étable et vont au pâturage sur les rives du fleuve retentissant, bordé de frêles roseaux. Quatre pâtres d'or conduisent les bœufs et neuf chiens agiles les escortent. Soudain deux lions horribles enlèvent, à la tête du troupeau, un taureau mugissant ; les chiens, les jeunes gens s'élancent, mais les lions, déchirant leur victime, hument son sang et ses viscères. Vainement les pâtres les poursuivent en excitant leurs chiens. Ceux-ci n'osent aborder les terribles bêtes, et se contentent de les serrer de près en aboyant, mais en les évitant toujours.

« Le dieu représente encore, dans un riant vallon, un vaste pré où paissent de grandes et blanches brebis ; près de là sont les étables, les parcs et les chaumières des bergers.

« Il trace ensuite un chœur semblable à ceux que jadis, dans la vaste Gnosse, Dédale forma pour Ariane à la belle chevelure. Des jeunes gens et des vierges attrayantes, se tenant par la main, frappent du pied la terre. De longs vêtements d'un lin fin et léger, des couronnes de fleurs, parent les jeunes filles. Les danseurs ont revêtu des tuniques d'un tissu riche et brillant comme de l'huile, leurs épées d'or sont suspendues à des baudriers d'argent. Tantôt le chœur entier, non moins léger qu'expert, tourne aussi rapide que la roue du potier, lorsqu'il éprouve si elle peut seconder l'adresse de ses mains; tantôt ils se séparent et forment de gracieuses lignes qui s'avancent tour à tour. La foule les admire et se délecte à ces jeux. Un poëte divin, en s'accompagnant de la lyre, les anime par ses chants. Deux agiles danseurs, dès qu'il commence, répondent à sa voix et pirouettent au milieu du chœur.

« Enfin Vulcain, avec non moins d'habileté, trace aux extrémités de ce bouclier merveilleux la grande force du fleuve Océan. »

Par quel art sont formées ces figures, et quels procédés Homère a-t-il en vue? Était-ce du repoussé ou de la gravure? Les termes dont il se sert et l'état de la civilisation contemporaine donnent à penser qu'il s'agit ici de représentations obtenues par la gravure. Quoi qu'il en soit, l'art du dessin et de la composition était déjà né, comme on voit. On savait aussi argenter, dorer et émailler. Voilà pour le bouclier d'Achille. Celui d'Ajax est fait de sept peaux de taureau et d'une lame d'airain superposée. Celui d'Agamemnon, qui le couvre en entier, est formé de dix cercles d'airain et de vingt bosses d'étain blanc, soutenues et unies sans doute par une armature.

Homère, qui veut donner une grande idée de la force de ses héros, exagère assurément le poids et les dimensions du bouclier ; il le complique à plaisir. Cependant il ressort de ses descriptions deux faits certains, dont l'un est la conséquence de l'autre : c'est que le bouclier, du moins en grande partie, est en métal, ce qui ne se présentera guère chez les autres peuples, où il sera généralement en bois ; ensuite qu'il est réellement très-pesant. Ce qui le prouve, c'est qu'il y a un moment où Ajax lui-même, le plus vigoureux parmi ces vigoureux, est accablé du poids de son bouclier et ne le manœuvre qu'avec peine. Quant à ses dimensions véritables, voici qui est d'autant plus précis, que c'est dit indirectement : Hector (chant VI) quitte pour un instant le champ de bataille et se dirige vers Troie.

« Il s'éloigne en rejetant sur ses épaules son vaste bouclier noir, dont la surface arrondie frappe à la fois ses talons et sa tête. »

Ainsi le bouclier couvre bien tout le corps. S'il était long et étroit, il pourrait être encore assez léger, même avec de pareilles dimensions ; mais non, il était rond ou d'un ovale arrondi. Qu'on juge ce que devait peser sur le bras un bouclier ovale de cette hauteur ! Aussi les Grecs, plus tard, le diminuèrent-ils considérablement, à en juger par les monuments postérieurs, et encore, dans cet état, était-il très-pesant.

Il est plus difficile de se faire une idée nette de la cuirasse, de sa forme et de sa structure. Voici la description de celle d'Agamemnon. « Elle a dix cannelures d'émail foncé, douze d'or et vingt d'étain. Trois dragons d'émail rayonnent jusqu'au col, semblables aux iris que Jupiter fixa dans la nuée. » Les cannelures sont probablement des baguettes courbes assemblées sur la peau ; les dragons, dont il est question, forment les épaulières et le pectoral.

Pour compléter l'armement, il faut dire quelque chose de l'arc, de la fronde, des javelots, du casque et des cnémides. Les archers et les frondeurs sont la plèbe de l'armée, les guerriers inférieurs, ceux sur la bravoure desquels on compte le moins. Les guerriers qui ont un nom ne portent ni l'arc, ni la fronde, mais la javeline et l'épée.

Pâris, il est vrai, est un archer ; mais on sait le caractère qu'Homère lui donne, et que ce n'est pas le plus brave des Troyens. Teucer encore a un arc, quoique ce soit un héros, mais il est jeune ; la force, sinon le courage, lui manque pour porter les armes héroïques. Mérion lance une flèche qui atteint Ménélas, mais c'est accidentellement, car partout ailleurs on le voit combattre avec la javeline. Autant en dirai-je de quelques autres héros, comme Pandaros. Ils se servent de l'arc à l'occasion et pour signaler leur adresse extraordinaire dans le maniement de cette arme ; mais il n'en est pas moins vrai que l'archer joue un rôle subalterne : ne pouvant porter de bouclier lui-même, il est obligé de s'abriter derrière ses compagnons ou de prier un héros de le couvrir. On comprend que dans les idées du temps cela devait le rabaisser.

Voici un passage qui prouve qu'on se servait de la flèche pour abattre de loin un guerrier trop terrible qu'on n'osait affronter de près, ce qui achevait sans doute d'ôter à l'arc tout caractère héroïque.

« A ce moment Énée qui voit détruire les lignes des Troyens par Diomède cherche le divin Pandaros : Pandaros, où sont ton arc et tes flèches ? Crois-moi, élève vers Jupiter tes mains suppliantes. Fais voler un trait sur ce héros que je ne puis reconnaître ; vois comme il triomphe. » A présent voici la description de l'arc, que Pandaros retire d'un étui : « Pandaros, jadis, surprit au haut d'un rocher une chèvre sauvage qu'il épiait, et lui perce la poitrine, et maître de ses cornes longues de seize palmes, il les livre à un artisan habile, qui les polit, les rassemble et les orne d'une pointe d'or. C'est le même arc que maintenant le héros ajuste avec soin. Il le tend et l'appuie à terre, tandis que devant lui ses braves compagnons dressent leurs boucliers. Cependant il découvre le carquois, en retire une flèche intacte, empennée, mère des sombres douleurs, puis il ajuste sur le nerf le trait amer... Il saisit et tire à la fois l'extrémité échancrée de la flèche et le nerf, jusqu'à ce qu'il ait ramené sa main sur sa poitrine et le fer sur l'arc; lorsqu'il a donné à son arme la forme d'un cercle, soudain l'arc frémit, le nerf résonne, le trait vole impétueux, poussant la pointe aiguë, avide de se plonger dans la foule. »

C'est ici qu'on peut voir combien Homère est plein, pressé et fait entrer dans peu de mots une foule de détails nets et précis. Tirons de ce passage tout ce qu'il contient. D'abord l'arc est en corne, comme le sera plus tard, chose remarquable, l'arc turquois, avec lequel les croisés feront connaissance en Syrie. Il est d'assez petite dimension, tendu par le moyen d'un nerf. On le porte en campagne dans un étui, d'où on le retire pour la bataille. Les flèches sont empennées, échancrées à la base, pour mieux s'ajuster sur le nerf. Quant au fer, notre passage ne le dit pas, mais quelques lignes plus loin on le voit, il était inséré dans le bout fendu de la flèche; on le maintenait au moyen d'une ligature faite avec un nerf. Le carquois ne ressemblait pas au carquois classique, à celui que porte Diane, par exemple, et d'où sort l'extrémité des flèches ; c'était sans doute une boîte oblongue, couverte d'une peau qu'on ramenait sur son ouverture, comme l'indiquent ces mots : « Il découvre le carquois. » Ce qui est remarquable, c'est qu'on tirait l'arc en l'appuyant par un bout sur le sol, et en maintenant l'autre bout avec la main gauche, quand on voulait donner au tir plus de précision et de sûreté. Mais vu la petitesse de l'arc, il fallait nécessairement que le tireur s'accroupît ou mît un genou en terre.

Il y a peu de choses à dire de la fronde. Elle était en étoffe de laine. Les frondeurs appartiennent à la dernière classe de l'armée; ils se tenaient derrière les héros ; c'est de là qu'ils lançaient leurs pierres, probablement en hauteur, car en les projetant horizontalement ils auraient atteint leurs compagnons d'armes.

Les héros étaient très-exercés à lancer des pierres avec la main, et ils faisaient grand usage de cette adresse, comme on peut le constater dans Homère. Ils choisissent les pierres les plus grosses qu'ils peuvent porter, et les envoient, comme nos joueurs de quilles lancent leurs boules, contre les boucliers de l'ennemi. Le bouclier, que la javeline n'aurait pas traversé peut-être, est souvent enfoncé par cette pierre ; il se disjoint, ou s'il résiste, du moins va-t-il renverser et froisser le guerrier qui le porte. On sait que les jeux grecs étaient proprement des exercices en vue de la profession militaire. C'était par le jeu du disque qu'ils s'habituaient à jeter au loin avec justesse ces grosses pierres dont nous venons de parler.

Quant aux javelots, qu'il faut bien distinguer de la javeline, ils étaient plus courts et plus légers qu'elle. On en tenait plusieurs à la main, dont on ne se servait que pour le jet. Quelques guerriers savâient les lancer avec la main gauche, aussi bien qu'avec la droite.

Homère donne au casque l'épithète de long : cela peut indiquer, soit une crinière flottant sur le dos, soit un couvre-nuque allongé. Je pencherai plutôt vers cette dernière supposition. Le casque était surmonté d'un long cimier où s'implantait une sorte d'éventail en crin, comme on peut le voir d'ailleurs dans les monuments postérieurs. En outre, il y avait sur les côtés un ou plusieurs petits cônes portant des plumets. Agamemnon avait à son casque quatre de ces porte-plumets.

Les cnémides complètent la défense du corps. Ce sont des jambières en étain, qui, couvrant le genou, descendent sur le cou-de-pied, et s'attachent par derrière avec des agrafes. Homère dit « les flexibles cnémides », et il fallait qu'elles le fussent en effet pour ne pas gêner les mouvements des guerriers, qui la plupart du temps combattaient à pied. J'ai dit qu'elles étaient d'étain ; cela m'amène à parler du métal qui constituait presque exclusivement les autres armes : ce n'était pas le fer, qu'on connaissait néanmoins, qu'on savait tremper, qu'on commençait même à travailler, mais pas assez bien sans doute pour lui donner la solidité ou les formes convenables ; Homère lui applique plusieurs fois l'épithète de difficile à travailler. En conséquence, cuirasses, boucliers, javelots, casques, toutes les armes, sauf peut-être quelques pointes de flèches, étaient en airain, autrement dit en bronze, ~~amalgame~~ de cuivre *alliage* et d'étain. Les anciens y faisaient entrer parfois quelques parties d'argent et d'or.

Il est impossible de se rendre compte des rapports qu'avaient entre elles les armes défensives et les armes offensives, de la pénétration, de celles-ci, de la résistance de celles-là. Tantôt les flèches, les épées, les javelines s'émoussent ou se brisent sur le bouclier, la cuirasse ou le casque; tantôt, au contraire, elles les percent, soit séparément, soit même ensemble. Ainsi, par exemple, un trait lancé par Ménélas traverse le bouclier et la cuirasse de Pâris. Il faut croire cependant qu'en général le guerrier était en sûreté derrière son bouclier, sans cela on n'aurait pas pris la peine de le faire si long ni de le porter partout.

Et puis on voit que quand deux guerriers s'abordent, ils se parlent, ils se défient, ils s'insultent; cela arrive à chaque instant dans Homère et tout cela n'est pas pour le discours. Le héros, des deux côtés, calcule de même; en parlant il va se découvrir un peu, tenter l'adversaire; celui-ci croira voir jour à placer sa javeline, il tirera; alors, se couvrant d'un prompt mouvement de bouclier, qui arrêtera la flèche, le héros n'aura plus devant lui qu'un adversaire désarmé. Ou bien encore prenant l'offensive, il va occuper, troubler l'adversaire par des menaces, et tandis que celui-ci répondra, lui-même lancera son trait à l'improviste vers l'endroit découvert. Telle est la tactique de chacun vis-à-vis de l'autre, tactique qui prouve, comme je l'ai dit, qu'on comptait sur le bouclier comme sur une défense tout à fait suffisante. Ce qu'il y a de curieux, c'est que quand deux guerriers de renom se rencontrent, ils se piquent de laisser là cette tactique vulgaire, de se battre avec plus d'héroïsme, sans ruser, sans s'épier.

Hector (chant VII) dit à Ajax : « Laissons là les paroles. Je ne veux point épier un héros tel que toi, ni te porter un coup perfide. Attends mon javelot ; puisse-t-il t'atteindre ! »

Quand les guerriers se provoquaient, comme je viens de le dire, par une pantomime dont l'intention est aisée à comprendre, ils agitaient constamment leur javelot de la main droite, et de l'autre élevaient, baissaient leur bouclier. Cela devait épuiser en peu de temps la force du bras gauche. Aussi je me permets de soupçonner que ceux qui faisaient, en ces occasions, les plus longs discours, étaient ceux qui se savaient les plus robustes et qui comptaient profiter de la fatigue de l'adversaire.

Quelques mots sur ce que pouvait être l'art de décorer les armes. Nous avons vu par celles d'Achille que probablement on savait les graver ; par celles d'Agamemnon qu'on les décorait plus simplement, en entremêlant des verges de différents métaux dans leur composition. En plusieurs endroits, Homère parle d'une combinaison métallique, qu'il appelle cyane, et qui servait à orner les cuirasses ou les bosses des boucliers ; on ignore en quoi elle consistait. C'était, autant qu'on peut en juger, une espèce d'émail d'un noir bleuâtre. Il faut savoir d'ailleurs que le bronze antique qui composait toutes ces armes était d'un ton jaune, rappelant celui de l'or.

III

LES GRECS ET LES PERSES

———

Passons aux armes grecques des temps historiques, ou, pour continuer la série des âges, aux armes grecques de l'âge de fer. Ce n'est pas qu'en en-
trant dans cette période on ne trouve plus d'armes
de bronze, tant s'en faut; mais enfin le fer règne
ou aspire à régner.

Il faut distinguer ici les trois espèces de soldats
dont se composait une armée grecque :

1° L'hoplite, ou soldat pesamment armé, qui ne
combattait jamais qu'à sa place dans la phalange.

Il n'est personne qui n'ait entendu parler de ce
groupe militaire; il est cependant bon d'en dire
quelques mots. Il a beaucoup varié quant au nombre des soldats qui le composaient. Dans son premier état, la phalange ne comptait guère plus de
200 membres. Au temps des guerres persiques, elle

se montait à 5 000 hommes ; et, en dernier lieu, lors
des guerres des Grecs avec les Romains, à 16 000.
Ce qui ne varia pas depuis le commencement jusqu'à la fin, ce fut la tactique, la manière de combattre. Les hoplites étaient rangés sur seize rangs
en profondeur ; les soldats de même rang se tenaient
serrés les uns contre les autres ; les casques tou-
chant les casques, les boucliers recouvrant à moitié
les boucliers (comme le dit Homère, car déjà de son
temps on avait quelque idée de la phalange, du bataillon profond et épais) et tendant leurs longues
sarisses, ils essayaient de rompre les efforts de l'ennemi par la compacité et la cohésion. Nous verrons
plus tard, à propos de la légion romaine, les avantages et les inconvénients de cette manière de combattre, clairement exposés par un maître en fait de
tactique ancienne, par l'historien Polybe.

L'hoplite avait pour armes défensives l'épée et la
pique ou la sarisse, dont nous parlions tout à
l'heure ; ce dernier terme s'applique plus particulièrement à la pique en usage dans les armées ma-
cédoniennes ; mais sous l'un ou l'autre nom c'était
la même arme, peut-être avec quelque différence
dans la longueur. Au temps de Polybe, la sarisse
ou la pique avait 14 ou 16 coudées de long (8 ou 9
mètres). Les piques du premier rang sortaient de
6 mètres sur le front de la phalange, celles du second de 5, celles du troisième de 4, celles du qua-

trième de 3, celles du cinquième de 2 et celles du
sixième de 1 ; ainsi tout chef de file présentait à
l'ennemi six pointes de sarisses en retraite d'un
mètre l'une sur l'autre.

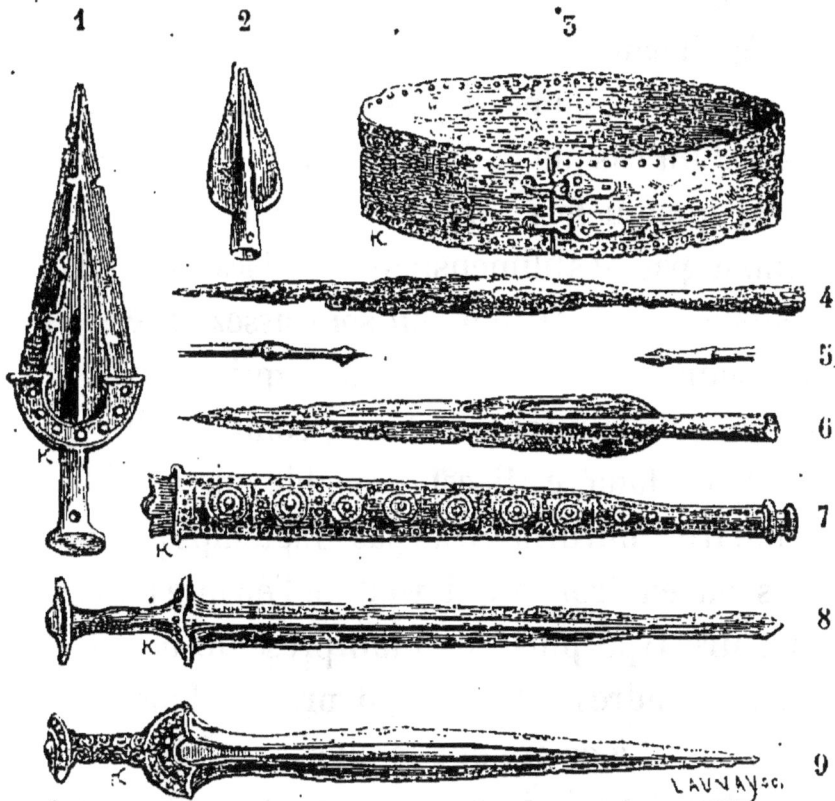

1   2   3

4

5

6

7

8

9

Fig. 7. — Armes grecques. — 1, Poignard. — 2, Fer de javelot. —
3, Ceinture militaire en fer. — 4 et 5, Fers de lances. — 6, Fers de
flèches. — 7, 8, 9, Épées et fourreau.

L'épée, longue si on la compare à celle des Romains, mais plutôt courte que longue relativement
aux armes du moyen âge et des temps modernes,
était aiguë, tranchante des deux côtés, rétrécie vers
la poignée, légèrement renflée à l'endroit où commençait la pointe : elle présentait dans sa forme générale une certaine ressemblance avec la feuille de

la sauge. Elle s'emmanchait à la poignée par une large soie et des rivets. Le fourreau était un carré très-allongé, muni ordinairement à l'extrémité d'une bouterolle.

L'équipement défensif de l'hoplite se composait d'une casaque en peau (pas de cuirasse), d'un bouclier, d'un casque et de cnémides. Le bouclier était rond; quelquefois, mais rarement, ovale. On ne connaît pas ses dimensions précises. Les monuments nous en offrent qui sont assez différents de grandeur. On n'en voit pas qui couvre tout l'homme de la nuque au talon, comme celui d'Hector dans Homère. Il est probable que celui-là, reconnu trop lourd, ne resta pas longtemps à la mode; mais on en trouve qui vont de l'épaule au genou. Un autre type plus commun présente des dimensions moindres; il a à peu près la longueur du buste. Il est à croire que le plus grand est le véritable bouclier de guerre, ou au moins le bouclier des hoplites, sinon de tous les soldats. Le trait commun à ces deux types, c'est qu'ils sont tous les deux très-creux, et que le cercle dont ils sont bordés est en retraite sur la face convexe; cela donne à ces armes quelque ressemblance avec une bassine qui serait munie d'un rebord large et plat (voyez page 73).

Quant aux casques, les monuments nous en offrent trois types bien distincts. L'un, qui semble remonter à la plus haute antiquité, se compose d'une calotte, d'un garde-nuque allongé et d'une visière relevée, de forme à peu près triangulaire, en manière de fronton, et qui ne sert par conséquent qu'à la décoration du casque (p. 43, n⁰ˢ 2 et 4). Le cimier avec le panache présente une assez grande variété de formes ; mais le plus souvent le cimier allongé va du garde-nuque à la visière et porte une aigrette largement épanouie en éventail. Cela donne au casque le bel aspect militaire que tout le monde a vu, soit dans les monuments originaux, soit dans les tableaux où les peintres se sont astreints à copier l'armement antique (voy. p. 73).

Le second type consiste en une calotte profonde avec une longue visière rabattue et un long garde-nuque. Il n'est pas nécessaire d'insister sur sa forme, car c'est le casque de Minerve, qui est si connu. Le casque porte généralement, sur sa visière, un nez et des yeux indiqués avec plus ou moins de netteté. Ordinairement il n'avait pas de cimier ; cependant on en voit qui sont surmontés de la figure d'un animal, telle que lion, chouette, cheval, etc. Nous les retrouverons en parlant des armes ornementées.

Le troisième est ce qu'on appelle le casque béotien. Les hommes de guerre le préféraient à tous les autres ; on comprendra pourquoi en voyant la figure qui le représente. C'est une calotte profonde avec un garde-nuque allongé et de larges jugulaires fixes qui couvrent entièrement les côtés du visage et font corps avec le garde-nuque (n° 3).

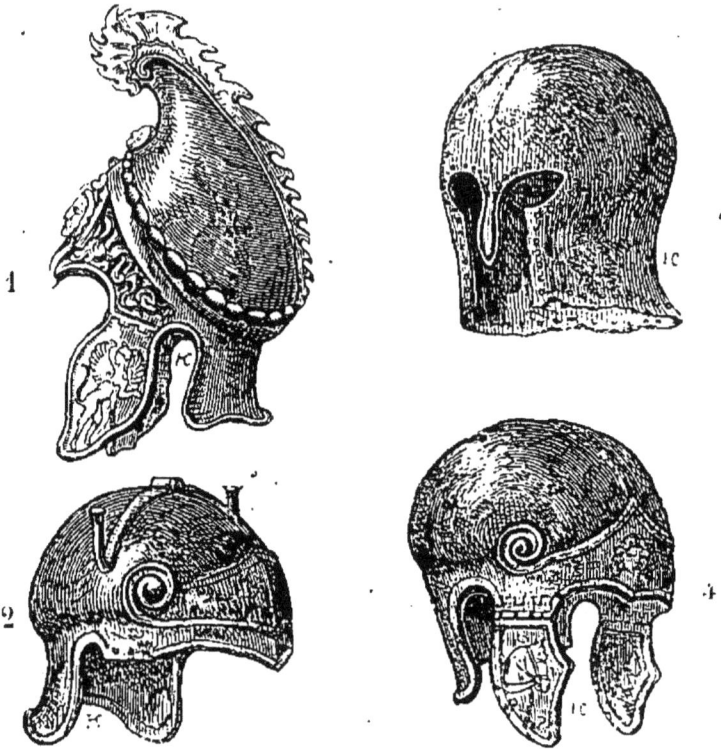

Fig. 8. — Le n° 1 est un casque lydien.

Quand on considère ce casque de face, on voit que le vide entre les jugulaires est ménagé de façon à rappeler, avec un petit nasal qui descend au milieu, la figure humaine dans ses traits essentiels : les yeux et le nez. C'était proprement le casque militaire, et il est probable que, de bonne heure, les guerriers grecs, au moins les guerriers d'élite, comme les hoplites, n'ont porté que celui-là.

Les cnémides, qui étaient en étain du temps d'Homère, sont coulées en bronze au temps où nous sommes arrivés ; elles collaient à la jambe et se maintenaient sans agrafe, grâce à leur forme et à l'élasticité du métal. Du reste, elles étaient faites pour chaque guerrier en particulier.

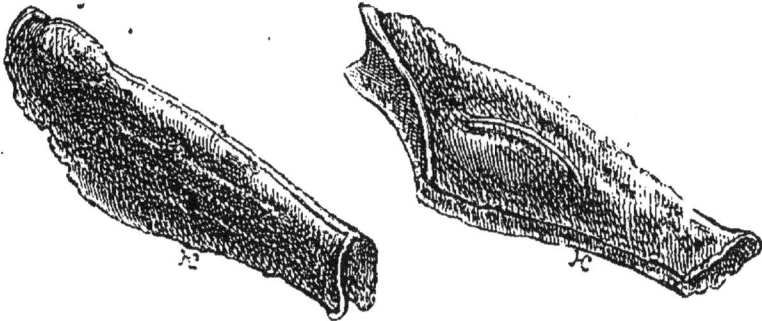

Fig. 9. — Cnémides.

2° Le peltaste, soldat armé à la légère, avait pour armes défensives l'épée et le javelot qui, dans sa main, remplaçait la pique ; il s'en servait cependant le plus communément comme arme de jet. Le javelot était muni pour cet usage de l'*amentum* : c'était une courroie placée vers le centre de l'arme ; on y engageait les deux premiers doigts de la main, et on ajoutait à l'impulsion du bras celle de ces deux doigts, ce qui donnait à l'arme plus de portée et surtout plus de justesse.

Le bouclier du peltaste était plus petit et plus léger que celui de l'hoplite ; c'est sans doute celui dont nous avons parlé tout à l'heure, comme étant à peu près de la longueur du buste.

Son casque et ses cnémides ne différaient pas, ce semble, de ceux de l'hoplite.

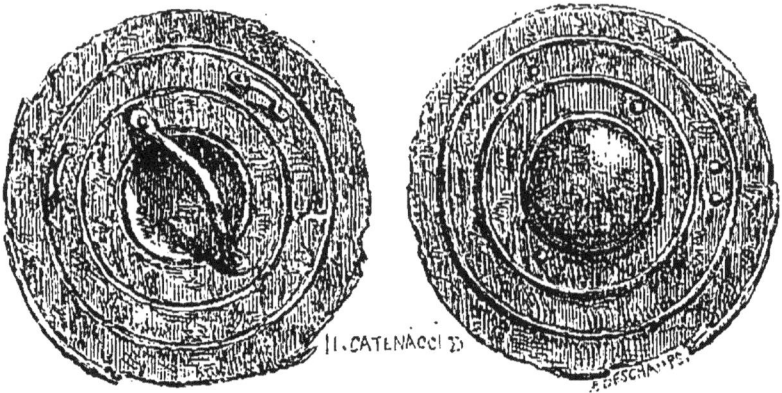

Fig. 10. — Bouclier grec.

3° Le cavalier était armé de l'épée et d'une longue pique. Il portait la cuirasse. Cette cuirasse, qui est plus connue sous la dénomination romaine de *thorax* que sous son nom grec, était modelée de ma-

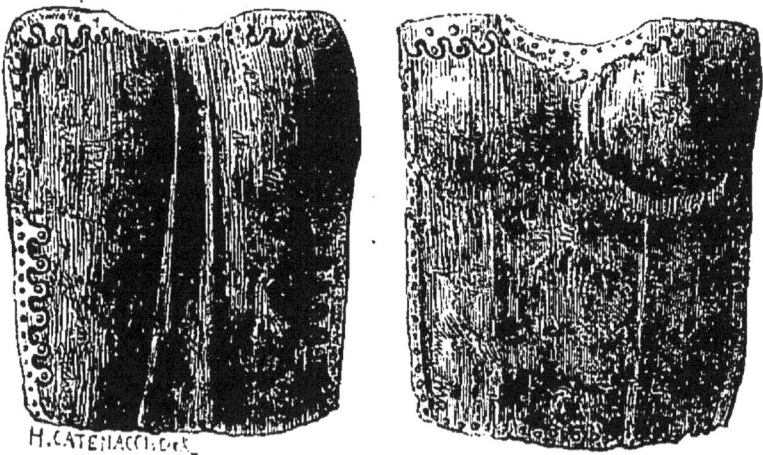

Fig. 11. — Thorax grec.

nière à figurer les muscles du buste. Mais le thorax grec, différant en cela de celui des Romains, s'arrê-

tait à la ceinture, au moins généralement; il se
continuait par des lambrequins de cuir taillés carrément, qui tombaient sur le ventre jusqu'à mi-
cuisse par rangs doubles, et quelquefois triples. Le
thorax était fait de deux pièces, réunies par des
charnières sur un des côtés, et qu'on fermait sur
l'autre avec des agrafes. Il était soutenu sur chaque
épaule par de larges courroies en cuir, ce qu'on
appelle des *épaulières*.

Une arme qui semble avoir été commune à toutes
les espèces de soldats, c'est une petite épée, ou plutôt une dague appelée *parazonium*, laquelle se réduit même parfois aux proportions d'un poignard.
Le parazonium a d'ailleurs, comme l'épée ordinaire,
la forme de feuille de sauge; nous le retrouverons
plus tard chez les Romains, qui l'empruntèrent à
la Grèce (voy. p. 64). Il se portait à la ceinture sur
le côté droit, tandis que l'épée était suspendue sur
le côté gauche par un baudrier court qui la maintenait dans une position oblique, le bout de la poignée à la hauteur du sein.

Et à présent qui ne se souvient de Xerxès et de
sa querelle avec les Grecs, des fameuses batailles de
Marathon, de Salamine, de Platée, surtout des Ther-
mopyles? Comme nous tenons le récit de cette
guerre des Grecs eux-mêmes, il n'est pas bien sûr
que leurs victoires aient été aussi complètes et aussi
difficiles qu'ils le disent; il se pourrait bien que

pour leur donner plus d'éclat, ils eussent quelque peu grossi le chiffre des soldats persans ; mais cela ne nous regarde pas pour le moment. Nous venons de voir de quelles armes les Grecs se servaient ; il est curieux de mettre en regard celles dont usaient leurs ennemis : d'autant que Xerxès ayant entraîné de gré ou de force dans cette expédition et enrôlé dans son immense armée (1 700 000 hommes, s'il faut en croire Hérodote) les peuples les plus divers, ce sera faire la revue de presque toutes les nations connues en ce temps-là. Hérodote, que je citais à l'instant, va nous fournir des détails assez précis.

Premièrement, les Perses. Ils avaient des bonnets de feutre bien foulé, qu'on appelait tiare (pas de casque par conséquent); des tuniques de diverses couleurs et garnies de manches ; des cuirasses de fer travaillées en écailles de poissons (c'est-à-dire des écailles de fer cousues sur un vêtement de peau ou de lin). Ils portaient une espèce de bouclier appelé gerrhes (bouclier en osier qui avait la forme d'un rhombe), des javelots courts, de grands arcs, des flèches de canne, un poignard pendu à la ceinture du côté droit (pas d'épée, c'est remarquable). Les Mèdes, même équipement. — Les Assyriens (il est bien entendu que nous ne parlons ici que des armes particulières à chaque peuple; certaines armes, le javelot, l'arc, le poignard, leur étant communes à tous, il est inutile de les mentionner

de nouveau à chaque peuple), les Assyriens se dis-
tinguaient par des casques d'airain tissés et entre-
lacés et par des cuirasses de lin. — Il est difficile
de se faire une idée précise de ces casques en airain
tissé; peut-être étaient-ils simplement formés de
verges de métal entrelacées. Quant à la cuirasse de
lin, c'était, Hérodote lui-même nous l'apprend, l'armure des Égyptiens. Elle se composait de plusieurs
couches de lin, jusqu'à dix-huit parfois, appliquées
et collées l'une sur l'autre, après avoir subi une
assez longue macération dans du vin salé. Elles
résistaient, à ce qu'il paraît, à un coup de tranchant,
mais non à un bon coup de pointe. Malgré cela,
cette cuirasse fit fortune parmi les nations de l'antiquité. Les Grecs eux-mêmes l'adoptèrent et la portèrent fort tard, concurremment avec le thorax.
Pausanias dit qu'elle était plus avantageuse que
celui-ci pour la chasse, et que si elle défendait moins
bien contre les armes, elle protégeait mieux contre
les dents des bêtes. Il y a lieu de penser que les
guerriers ne la portaient que faute de pouvoir se
procurer le thorax, beaucoup plus cher. Les Romains eux-mêmes firent usage de cette cuirasse
de lin, comme nous le verrons plus tard.

Les Éthiopiens, vêtus de peau de léopard et de
lion, avaient des arcs de branches de palmier, de
4 coudées de long au moins, et de longues flèches
de canne à l'extrémité desquelles était, au lieu de

fer, une pierre pointue; des javelots armés de cornes de chevreuil aiguisées. On voit, par ces seuls traits, que ceux-ci appartenaient à un état de civilisation beaucoup moins avancé. Au reste, ces grands arcs, ces longues flèches légères, ces javelots armés de cornes pointues, tout cela se retrouve encore chez un certain nombre de peuplades sauvages de l'Afrique.

Les Lydiens étaient armés comme les Grecs.

Ce qu'il y avait de caractéristique dans l'armement des Phrygiens, c'étaient le bouclier et la hache. Le bouclier, petit, circulaire par le bas ou à peu près, offre en haut deux échancrures. La hache est bipenne, c'est-à-dire qu'elle a deux tranchants régulièrement opposés entre lesquels le manche se prolonge en une longue pointe, ou bien encore elle présente d'un côté un tranchant, et de l'autre un croc, quelquefois un marteau. Ce bouclier, d'une forme très-élégante, et cette hache se retrouvent dans tous les combats d'Amazones que l'antiquité nous a légués; et ils sont nombreux, car elle affectionnait particulièrement ce sujet. Qu'y a-t-il de vrai dans cette légende d'un peuple de femmes guerrières qui auraient vécu longtemps sur les bords du Thermodon, dans le Pont (Asie Mineure), et se seraient mesurées avec Achille? Nous n'avons pas à nous le demander ici. Ce qui est sûr, c'est que les Phrygiens passèrent durant toute l'antiquité pour

descendre de ces Amazones, et qu'en conséquence
on attribuait à celles-ci, quand on les représentait,
les armes phrygiennes. Les guerrières sont fabu-
leuses peut-être, mais en tout cas les armes sont
vraies.

Nous aurions pu ranger parmi les armes de l'âge
de bronze celles qui nous restent des Étrusques ;
mais nous avons mieux aimé les placer après les
armes grecques de l'époque historique, à cause de
l'air de parenté qu'elles ont ensemble. Les armes qui
nous sont restées des Étrusques sont en très-petit
nombre, il est vrai ; cependant les musées euro-
péens, et notamment le Musée d'artillerie de Paris,
en possèdent quelques-unes, et de nombreuses peintures, tracées sur des vases, comblent suffisamment
les lacunes.

Au premier coup d'œil qu'on jette sur ces peintures, on est frappé de la ressemblance qui existe
entre l'armement grec et l'armement étrusque, en
dépit de certains détails très-excentriques qui distinguent celui-ci. La cuirasse est un thorax qui, comme
chez les Grecs, ne descend guère au-dessous de la
ceinture. Il est vrai que les épaulières de cette cuirasse, très-larges par en haut, rétrécies par le bas,
vont se rejoindre sur la poitrine, rappelant par leur

forme et leur position ce que, dans nos gilets, on appelle le châle : c'est là une de ces excentricités dont je parlais tout à l'heure.

Autre ressemblance : les guerriers étrusques portent à la main, la plupart du temps, la toute petite épée grecque, le parazonium.

Le bouclier étrusque, encore comme chez les Grecs, a la forme d'un large bassin.

Le casque présente chez eux une assez grande

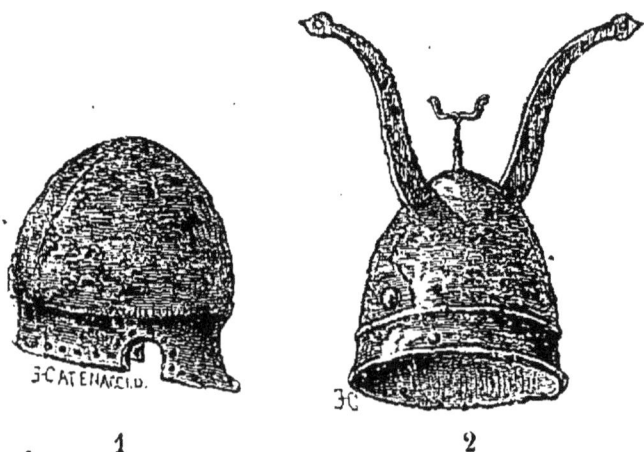

1   2

Fig. 12. — Casques étrusques.

variété de formes. Nous ne donnerons que les deux qui se rencontrent le plus fréquemment : l'une est un timbre profond à la grecque (n° 1), parfois avec un cimier étroit, excessivement haut, recourbé et des ailettes sur le côté du timbre ; l'autre est un timbre conique assez allongé, sur la pointe duquel sont placées des ailes énormes qui donnent à cette arme l'aspect le plus bizarre (n° 2).

IV.

LES ROMAINS

ARMES DÉFENSIVES

Nous savons déjà que la cuirasse romaine des premiers temps, le thorax fait de deux pièces maintenues ensemble par des charnières, représentait avec plus ou moins de fidélité la poitrine et le ventre humains. Les pectoraux, le nombril y étaient marqués avec précision. Cela n'empêchait pas de graver ou d'appliquer en saillie par là-dessus des figures de bêtes, d'oiseaux, des feuillages. Quand la cuirasse n'a pas ce surcroît d'ornements, on a peine, en regardant les monuments, à la distinguer sur le corps du guerrier, qui fait l'effet d'être nu.

La cuirasse est soutenue sur chaque épaule par une courroie, laquelle tient par devant à un anneau fiché dans le pectoral, et par derrière se boucle sur l'omoplate Du bord de l'échancrure par laquelle passe le bras du guerrier et la demi-manche de la tunique, de courtes lanières de cuir tressées au bout pendent, tombant sur le biceps ; du bas de la cuirasse tombent aussi deux larges bordures généralement en cuir, dentelées, dont la supérieure recouvre l'autre en partie. De dessous cette double bordure sortent des lambrequins de cuir, frisés ou tressés, de même forme que les lanières de l'épaule, mais plus larges, et parfois plaqués de métal ; ces lambrequins s'arrêtent un peu au-dessus du genou.

La cuirasse se mettait sur la tunique, dont les demi-manches, comme je l'ai déjà dit, paraissaient sur les bras, et dont la jupe, par en bas, dépassait un peu les lambrequins, sans aller jusqu'au genou. Par-dessus la cuirasse on portait le *paludamentum*, manteau que les anciens drapaient de la manière la plus variée et la plus pittoresque. On le voit le plus souvent sur leurs statues, noué, par les deux bouts, sur l'épaule droite. Le cou passe dans le vide entre ces deux bouts ; le bras droit est libre ; le manteau couvre l'épaule gauche, tombe sur la saignée du bras gauche avec de beaux plis, et glissant le long du flanc, pend derrière jusqu'au tibia. Tel est le costume militaire romain jusqu'au temps des premiers empereurs.

Si l'on s'en rapporte à Polybe, le thorax aurait été de son temps l'armure défensive des simples soldats, et la cuirasse à écailles aurait été portée

par ceux d'entre eux qui avaient une certaine fortune. Les monuments les plus anciens, sur lesquels
on ne voit figurer naturellement que des empereurs
ou des chefs militaires, nous présentent le thorax
tel que je viens de le décrire plus haut ; mais dès
que le simple soldat apparaît dans les monuments
postérieurs, c'est, en dépit de Polybe, ou sans cuirasse, ou avec une cuirasse d'une forme bien dif-
férente. Sur les colonnes Trajane et Antonine, en
tout cas, il n'est plus porté que par les chefs, depuis
l'empereur jusqu'au centurion ; mais il a subi un
certain changement : au lieu qu'il couvrait jadis et
moulait le bas-ventre, il s'arrête à présent à la
taille ; ce n'est plus qu'un corselet comme était la
cuirasse grecque ; la bordure dentelée a disparu,
il ne reste plus que deux rangs de lambrequins
étagés, qui, en revanche, descendent beaucoup plus
bas.

La cuirasse du simple soldat, telle que la présentent la colonne Trajane et la colonne Antonine,
se compose de trois parties bien distinctes : le corselet et les deux épaulières. Le corselet est formé
d'un vêtement de peau ou de lin sur lequel sont
cousues des lames de fer circulaires. Chacun de
ces cercles est fait de deux demi-cercles joints sur
le dos par une charnière et se fermant sur la poitrine par des agrafes. Les épaulières, composées de
quatre lames moins larges que celles du corselet,

auquel elles tiennent, du reste, par les deux bouts,
se passent sur l'épaule comme des bretelles. Parfois,
du bas du corselet partent quatre petites lames
perpendiculaires, qui couvrent le milieu du bas-
ventre. Cette armure laissait à découvert le haut de
la poitrine. Quelques indices, qui ne sont pas aussi
nets qu'on le désirerait, sur la colonne Trajane,
donnent à penser qu'on comblait ce vide par une
espèce de pectoral en peau, ou par une plaque de
fer unie. Cette cuirasse appartenait, avons-nous dit,
aux simples soldats, mais seulement aux soldats
d'élite, aux légionnaires.

Chacun sait qu'il y avait dans les armées romaines trois sortes de soldats : le légionnaire, le vélite
(soldat armé à la légère), et le cavalier. Le vélite
n'avait pas de cuirasse ; le chevalier se présente
parfois revêtu d'une *squammata,* c'est-à-dire d'un
vêtement de toile ou de peau sur lequel sont cousues
des écailles de fer à recouvrement, ou encore d'une
hamata, cuirasse où les écailles sont remplacées
par des chaînettes de métal ; mais le plus souvent il
semble couvert d'une simple tunique, comme le
vélite. Il serait possible cependant que l'un et l'autre portassent la cuirasse de lin ; ce vêtement, dont
nous avons déjà parlé à propos des Égyptiens et des
Grecs, fut certainement en usage chez les Romains;
il serait figuré sur les monuments, et nous ne le
distinguerions pas des autres habillements d'étoffe,

que cela n'aurait rien d'étonnant. En tout cas, il est fort probable que la tunique dont se couvrait le vélite était en peau ; cela paraît ressortir de l'aspect rigide qu'elle présente. Elle est ordinairement festonnée par le bas.

Polybe parle de bottines de métal (*ocreæ*) qu'aurait portées de son temps le soldat romain ; on n'en voit pas vestige sur les monuments des temps postérieurs, si ce n'est sur les statues des empereurs.

La colonne Trajane, à laquelle il faut toujours revenir quand on veut prendre une idée exacte des armes romaines, nous offre deux espèces de boucliers. L'un a la forme d'un carré long convexe, comme une tuile à canal ; on voit plusieurs soldats qui le tiennent élevé pour se couvrir la tête, et dans cette position il a juste la longueur du bras gauche qui le porte. Comme il est assez étroit, il fallait évidemment suppléer par la dextérité des mouvements, en le portant çà et là, à l'étendue qui lui fait défaut. Nous savons d'autre part comment il était confectionné. On le faisait de deux planches assemblées à contre-fil ; on le garnissait en haut et en bas d'une bordure de fer, en haut pour résister aux coups, en bas pour qu'on pût le poser à terre, ce qui arrivait souvent, sans qu'il fût entamé par l'humidité. Pour tout ornement ce bouclier portait les insignes de la légion ; sur la colonne Trajane par exemple, comme ce sont des soldats de la légion Fulminante qui sont représentés, il porte un foudre pareil à celui que tout le monde a vu figuré aux mains de Jupiter. Cette espèce de bouclier est particulière aux légionnaires.

L'autre a la forme d'un ovale allongé, et il est beaucoup moins convexe. Sa décoration varie ; l'ornement qui se présente le plus fréquemment, ce semble, est une vignette entrelacée autour d'une barre ou quelque chose de semblable. Ce bouclier appartenait aux vélites et aux cavaliers. Çà et là on aperçoit en outre, toujours dans le même monument, quelques boucliers hexagonaux, mais cette arme n'est pas romaine évidemment ; elle est propre

Fig. 15. — Soldats romains, d'après la colonne Trajane.

à quelque corps auxiliaire de barbares.

Quand on considère les monuments postérieurs à la colonne Trajane, on ne retrouve plus le bouclier carré, et on voit que le bouclier ovale a été adopté par les légionnaires eux-mêmes. Il semble de plus que les dimensions de ce dernier se sont accrues, en même temps que celles de l'épée. Il est

évident que les légions romaines, par suite du relâ-
chement de la discipline, abandonnant le petit
bouclier et la courte épée qui exigeaient un sang-
froid et une habileté exceptionnelles, tendent à
adopter l'armement barbare.

Le casque romain se distingue au premier coup
d'œil du casque grec par son peu de profondeur;
c'est une calotte de fer, renforcée par deux bandes
croisées, munie d'une courte gouttière par derrière,
et par devant d'un bandeau étroit, ou d'une baguette en guise de visière. Des jugulaires en fer
l'attachaient sous le menton, et un anneau placé à
l'entre-croisement des bandes, dont j'ai parlé, tenait
lieu de cimier. Tel était du moins le casque que
portaient les légionnaires au temps de Trajan. En
marche les soldats le suspendaient par les jugulaires
à leur épaule droite. Ils allaient tête nue; et dans
cette position, le casque, au premier abord, se profile comme une gourde, la gouttière étroite figurant
assez bien un goulot. Les vélites et les cavaliers
portent un casque sensiblement plus évasé par le
bas, plus aplati, et qui se rapproche par sa forme
générale du chapeau de berger. Les chefs ont la
tête nue, nulle part on ne leur voit de coiffure.

Dans les derniers temps de l'empire, le casque
se présente avec des traits qui rappellent certains
casques grecs. La calotte, assez profonde, est munie
d'une longue visière rabattue. Au reste, c'est le

moment où toute uniformité semble perdue; on trouve alors des épées très-longues et des épées très-courtes, des boucliers ronds et petits, d'autres hexagonaux, d'autres ronds et très-grands, à tel point qu'il faut remonter jusqu'aux descriptions homériques pour retrouver leurs analogues. Il est impossible, à cause de la rareté des monuments écrits et figurés, de tracer des catégories ou des classes dans cette variété, à supposer qu'il y en eût réellement; impossible de savoir si telle arme a appartenu à un corps, à un règne particulier ou si bien positivement ces armes diverses ont été por- tées pêle-mêle dans un même corps, en même temps, au mépris des bonnes traditions romaines.

ARMES OFFENSIVES

Le *pilum*, cet épieu formidable, qui subjugua l'univers, selon Montesquieu, que Polybe a longue- ment décrit, et qu'on devrait trouver en abondance sur tous les champs de bataille romains, est encore aujourd'hui, chose étonnante, l'objet des discussions et des incertitudes du monde archéologique. Dans le doute, tenons-nous-en à la description de Polybe. Il se composait d'un fer très-large, porté sur une douille longue de 0^m,45 environ, qui faisait à peu près le tiers, en longueur, de l'arme totale. Cette douille se renforçait vers sa base, et là où elle cessait, elle n'avait pas moins de trois demi-doigts d'épaisseur. Le renflement que cela formait et l'extrême longueur de la douille sont particuliers au pilum. Il ne devait ressembler à aucune des armes du même genre, javelot, lance ou pique. On n'a rien trouvé jusqu'ici qui réponde entièrement à cette description. Ce qui s'en rapproche le plus est une pique qu'on voit aux mains de deux soldats romains de la quinzième légion Primigenia, figurés en bas-relief sur un cippe funéraire à Mayence. Le trait saillant de cette pique est que, vers les trois quarts de sa hauteur, elle présente un renflement dont l'effet est celui « d'un gros peloton enfilé dans une broche » (Quicherat, *Examen des armes trouvées à Alise*) ; en outre, le fer a les dimensions voulues. Il est probable que c'est un pilum des derniers temps, sinon le pilum du temps de Polybe, qui a pu et qui a dû se modifier quelque peu.

Quant au maniement de cette arme fameuse, il n'y a pas d'incertitude. On sait que les légionnaires, à qui elle était réservée, s'en servaient et pour le jet et pour l'hast. Comme arme de jet, le pilum était d'une lourdeur exceptionnelle ; il ne pouvait se lancer que de très-près, encore fallait-il des hommes exercés, des soldats d'élite, comme étaient les légionnaires, pour en tirer un bon parti. C'était, je le répète, un épieu plutôt qu'un javelot ou une pique.

En tant qu'arme d'hast, il servait
à charger, comme nos soldats font
avec la baïonnette. Il servait aussi à
parer les coups de sabre ou d'épée,
et c'est pour cela précisément qu'on
avait donné à la douille cette longueur excessive. C'était elle qui
recevait les coups plus violents que
meurtriers de l'épée gauloise, et
qui, les ébréchant, les changeait en
strigiles; c'est-à-dire en crosses,
selon le mot de Polybe.

Si le pilum a changé le monde,
c'est, il faut le croire cependant,
moins par ses mérites intrinsèques,
que parce qu'il obligeait le soldat
qui devait le porter à un continuel
exercice d'escrime, et que, le des-
tinant à agir seul sur le champ de
bataille (et non automatiquement
dans une masse, comme l'hoplite
grec), il le forçait à ne compter que
sur soi, sur son courage et son sang-
froid. Il faisait ainsi nécessairement
de chacun un guerrier achevé et
complet en lui-même[1].

Fig. 14. — Le pilum.
Formes dégénérées du
pilum : le n° 1 se
rapproche cependant
beaucoup plus que le
n° 2 du type primitif

---

[1] Au moment où j'écrivais ce qui précède,
M. J. Quicherat, l'éminent professeur de l'École

Pour l'épée romaine, on ne sait pas exactement quelle était sa forme avant Scipion ; mais après lui, et grâce à lui, ce fut l'épée des Espagnols, l'épée ibérique dont les caractères distinctifs sont bien connus. Cette épée se portait au côté droit. Cela n'est possible qu'avec une arme très-courte ; toutes les fois que l'épée a une certaine longueur (ce qui est arrivé presque partout), on la porte du côté gauche. En effet, tous les monuments témoignent

des Chartes, retrouvait la forme perdue du pilum, ou plutôt les formes, car cette arme en a eu plus d'une, sans toutefois changer dans ses particularités essentielles. Je dois à son obligeante communication les renseignements que voici : La pique qu'on voit aux mains des soldats de la *Primigenia* dans le bas-relief de Mayence, et dont je viens de parler, est bien le pilum, c'est désormais acquis ; non celui de Polybe, mais d'une époque postérieure. Le pilum primitif se trouve figuré sur le monument de Saint-Rémi, en Provence, qu'on croyait appartenir à la basse latinité et qu'on a finalement reconnu pour dater des premiers empereurs. C'est cette figure originelle du pilum qui, une fois bien constatée par M. Quicherat, lui a permis de suivre 'arme dans ses dégradations et de la retrouver sûrement dans un certain nombre de formes qui avaient paru bizarres jusqu'ici et qui deviennent intelligibles. Nous avions nous-même relevé ces formes avec l'intention de les donner comme exemples d'armes excentriques, et il se trouve qu'il faut les ranger, au contraire, dans l'armement ordinaire du soldat romain.

Pour bien comprendre la persistance, à travers la diversité des formes, du bourrelet (voir les deux figures de la page précédente), qui est le trait commun de toutes ces armes, il faut savoir quel était l'effet particulier qu'on attendait du pilum et que le bourrelet était chargé de procurer. On voulait que le pilum, après avoir traversé le bouclier de l'ennemi, se faussât par son propre poids et traînât par terre, sans que l'ennemi pût le retirer d'aucune manière, et que, partant, son bouclier lui devînt inutile ; il était alors livré sans défense à la terrible épée du légionnaire. C'est en vue de ce même effet, précisément, que plus tard chez les Franks on fit usage de la lance portant des arrêts au bas de son fer, et de l'angon, l'arme favorite de ce peuple, comme nous le verrons.

qu'au moins dans les temps voisins de César elle était étonnamment courte. Pendue à un baudrier en écharpe, elle allait du défaut du corps à mi-cuisse. ce qui permet d'estimer sa longueur à $0^m,40$ au plus. Sa lame était coupée, pour former la pointe, sous un angle très-ouvert. A mesure qu'on avance, on voit que cet angle devient plus aigu, et c'est en considérant ce détail qu'on arrive à reconnaître le plus sûrement l'antiquité relative des diverses épées romaines qu'on peut rencontrer (voy. p. 64, n° 1).

Sur la colonne Trajane, l'épée ordinaire apparaît déjà sensiblement plus longue que dans les statues des premiers empereurs. Néanmoins elle est courte encore relativement aux armes de même espèce qu'on trouve chez les autres peuples. Sous les empereurs Flaviens, où commence le mouvement de décadence que nous avons déjà signalé, où la disparité s'introduit dans l'armement, on voit les soldats romains porter une épée longue, aiguë, tranchante d'un seul côté ; c'est la *spatha*, qu'ils prirent à certains peuples barbares et qu'ils communiquèrent ensuite à d'autres. Cela n'empêche pas qu'on ne rencontre en même temps des épées courtes, et mêmes fort courtes ; c'est à ne plus s'y reconnaître.

La petite épée du temps de la république, qui n'est presque qu'une dague, suggère les mêmes réflexions que le pilum. Elle voue le guerrier qui la porte à la lutte corps à corps. Avec une arme comme celle-là il fallait que le légionnaire, écartant la lance ou l'épée qui lui était opposée, saisît son adversaire afin de lui ôter l'avantage de ses armes plus longues, et, poitrine contre poitrine, le poi-

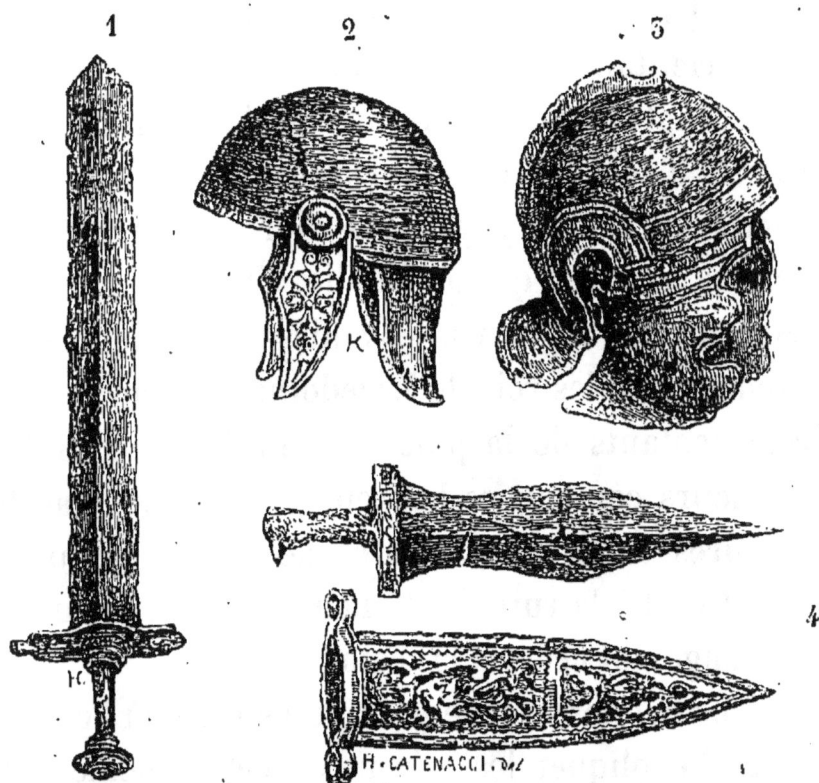

Fig. 15. — Armes romaines. — 1, Épée. — 2, Casque de la bonne époque.
— 3, Casque du Bas-Empire. — 4, Parazonium romain.

gnardât. Elle exigeait, par conséquent, le courage le plus décidé.

Outre cette épée, les Romains eurent, sous l'empire, le *parazonium*, que nous connaissons déjà. Le parazonium semble avoir été réservé aux chefs militaires. Quelques empereurs sont figurés avec cette arme, posée sur le creux de la main, dans une attitude de commandement pacifique. Elle se portait ordinairement sur le côté gauche.

La première fois que les Romains et les Grecs se mesurèrent, ce fut en 280 av. J.-C., quand Pyrrhus envahit l'Italie. Les Romains sortaient à peine de la barbarie, tandis que leurs adversaires vivaient depuis longtemps déjà dans un état de civilisation fort avancé à certains égards. Pyrrhus eut d'abord des succès qu'il dut payer très-cher; et à la fin il fut vaincu, réduit à quitter l'Italie. Un siècle plus tard environ, les Romains, envahisseurs à leur tour, firent contre les rois de Macédoine, désormais seuls représentants de la puissance militaire en Grèce, plusieurs campagnes heureuses, signalées par les victoires de Cynocéphales et de Pydna, lesquelles aboutirent à la ruine de l'indépendance grecque; la phalange dut céder à la légion.

Nous donnons ici le passage célèbre où Polybe a tenté d'expliquer les raisons de cet événement. Ce passage appartient à notre sujet, par les détails qu'il renferme sur les armes des deux nations, sur leurs avantages et leurs inconvénients réciproques en bataille rangée.

« Aujourd'hui que ces différents ordres de bataille se sont trouvés opposés les uns aux autres, il est bon de rechercher en quoi ils diffèrent et pourquoi l'avantage est du côté des Romains.

« Quand on aura bien examiné cette matière, on
ne rapportera plus les succès uniquement à la fortune, on ne louera les vainqueurs que par principe
et par raison.

« Il est constant, et les preuves en sont multi
pliées, que, tant que la phalange se maintint dans
son état propre et naturel, rien ne put lui résister
de front ni soutenir la violence de son choc. »

« Dans cette ordonnance, on donne au soldat en
armes 3 pieds de terrain : la sarisse était d'abord
longue de 16 coudées ; depuis, elle a été raccourcie
de 2, pour la rendre plus maniable : dans cet état,
il reste, depuis l'endroit où le soldat la tient, jus-
ques au bout qui passe derrière lui et qui sert
comme de contre-poids à l'autre bout, 4 coudées ;
et par conséquent, si la sarisse est poussée des
deux mains contre l'ennemi, elle s'étend de 10 coudées devant le soldat qui la pousse : ainsi, quand
la phalange est dans son état propre, et que le soldat
qui est à côté ou par derrière joint son voisin
autant qu'il le doit, les sarisses des deuxième,
troisième et quatrième rangs s'avancent au delà du
premier plus que celles du cinquième, qui n'ont,
au delà de ce premier rang, que 2 coudées. Or,
comme la phalange est rangée sur 16 de profondeur,
on peut aisément se figurer quel est le choc, le
poids et la force de cette ordonnance. Il est vrai
cependant qu'au delà du cinquième rang les sa-

risses ne sont d'aucun usage pour le combat : aussi
ne les allonge-t-on pas en avant; mais chaque rang
les appuie sur les épaules du rang précédent, la
pointe en haut, afin que pressées elles rompent
l'impétuosité des traits qui passent au delà des premiers rangs et pourraient tomber sur ceux qui les
suivent. Les rangs reculés ont cependant leur utilité : ils poussent et pressent ceux qui les précèdent,
et ôtent à ceux qui sont devant eux tout moyen de
retourner en arrière. »

On a vu la disposition tant du corps entier que
des parties de la phalange; voyons maintenant ce
qui est le propre de l'armure et de l'ordonnance des
Romains pour en faire la comparaison avec celle
des Macédoniens.

« Le soldat romain n'occupe non plus que 3 pieds
de terrain; mais comme, pour se couvrir de son
bouclier et frapper d'estoc et de taille, il est dans
la nécessité de se donner quelque mouvement, il
faut qu'entre chaque légionnaire, devant, à côté,
derrière, il reste au moins 3 pieds d'intervalle pour
se remuer commodément.

« Chaque soldat romain, combattant contre une
phalange, a donc deux hommes et dix sarisses à
forcer : or, quand on en vient aux mains, il ne peut
les forcer ni en rompant ni en coupant; et les rangs
qui le suivent ne lui sont pour cela d'aucun secours : la violence du choc lui serait également

inutile, et son épée ne lui serait de nul effet.

« J'ai donc eu raison de dire que la phalange, tant qu'elle se conserve dans son état propre et naturel, est invincible de front, et que nulle autre ordonnance ne peut en soutenir l'effet.

« D'où vient donc que les Romains sont victorieux? pourquoi la phalange est-elle vaincue?

« C'est que, dans la guerre, le temps et le lieu du combat varient d'une infinité de manières, et que la phalange n'est propre que dans un temps, dans un lieu et que d'une seule façon.

« Quand il s'agit d'une action décisive, si l'ennemi est forcé d'avoir affaire à la phalange, dans un temps et dans un terrain qui lui soient convenables, nous l'avons déjà dit, il y a toute apparence que l'avantage sera du côté de la phalange; mais, si l'on peut éviter l'un et l'autre, comme il est facile de le faire, qu'y aura-t-il de si redoutable dans cette ordonnance?

« Que, pour tirer parti d'une phalange, il soit nécessaire de lui trouver un terrain plat, découvert, uni, sans fossés ni fondrières, sans gorges, sans éminences, sans rivières, c'est une chose avouée de tout le monde.

« D'un autre côté, on conviendra qu'il est impossible, ou du moins très-rare, de rencontrer un terrain de 20 stades ou plus qui n'offre quelqu'un de ces obstacles.

« Quel usage ferez-vous de votre phalange, si votre ennemi, au lieu de venir à vous dans cet heureux terrain, se répand dans le pays, ravage les villes et fait le dégât dans les terres de vos alliés? Ce corps restant dans le poste qui lui est avantageux, non-seulement ne sera d'aucun secours à vos amis, il ne pourra se conserver lui-même.

« L'ennemi, maître de la campagne, sans trouver personne qui lui résiste, lui enlèvera ses convois, de quelque endroit qu'ils viennent. S'il quitte son poste pour entreprendre quelque chose, les forces lui manquent, et il devient le jouet de l'ennemi.

« Accordons encore qu'on ira l'attaquer sur son terrain; mais si l'ennemi ne présente pas à la phalange toute son armée en même temps, et qu'au moment du combat il l'évite en se retirant, qu'arrivera-t-il de votre ordonnance?

« Il est facile d'en juger par la manœuvre que font aujourd'hui les Romains, car nous ne nous fondons pas ici sur de simples raisonnements, mais sur des faits qui sont encore tout récents.

« Les Romains n'emploient pas toutes leurs troupes pour faire un front égal à celui d'une phalange, mais ils en mettent une partie en réserve et n'opposent que l'autre à l'ennemi.

« Alors soit que la phalange rompe la ligne qu'elle a en tête, ou qu'elle soit elle-même enfoncée, elle sort de la disposition qui lui est propre;

qu'elle poursuive les fuyards ou qu'elle fuie devant
ceux qui la pressent, elle perd toute sa force; car
dans l'un et l'autre cas il se fait des intervalles
que la réserve saisit pour attaquer, non de front,
mais en flanc ou par derrière.

« En général, puisqu'il est facile d'éviter les circonstances qui donnent l'avantage à la phalange,
et qu'il n'est pas possible d'éviter toutes celles qui
lui sont contraires, n'en est-ce pas assez pour nous
faire concevoir combien cette ordonnance est au-
dessous de celle des Romains?

« Ajoutons que tous ceux qui se rangent en phalange se trouvent dans le cas de marcher par toutes
sortes d'endroits, de camper, de s'emparer de
postes avantageux, d'assiéger, d'être assiégés, de
tomber sur l'ennemi en marche et à l'improviste;
tous ces accidents font partie d'une guerre; souvent la victoire en dépend; presque toujours ils y
contribuent; or, dans toutes ces occasions, il est
difficile d'employer la phalange ou on l'emploierait
inutilement, parce qu'elle ne peut alors combattre
ni par cohorte, ni d'homme à homme, au lieu que
l'ordonnance romaine, dans ces rencontres mêmes,
ne souffre aucun embarras.

« Tout lieu, tout temps, lui conviennent; l'ennemi ne la surprend jamais, quelque part qu'il se
présente; le soldat romain est toujours prêt à combattre, soit avec l'armée entière, soit avec quel-

qu'une de ses parties, soit par compagnie, soit d'homme à homme.

« Avec un ordre de bataille dont les parties agissent avec tant de facilité, doit-on être surpris que les Romains viennent plus aisément à bout de toutes leurs entreprises que ceux qui combattent dans un autre ordre?

« Je me suis cru obligé de traiter au long cette matière, parce qu'aujourd'hui la plupart des Grecs s'imaginent que c'est par une espèce de prodige que les Macédoniens ont été défaits et que d'autres sont encore à savoir comment et pourquoi l'ordonnance romaine est supérieure à la phalange. »

V

La cuirasse grecque n'offrait souvent pour toute décoration que des cannelures saillantes au bas du corselet. D'autres fois, la décoration consistait en de larges rinceaux aux traits déliés. D'autres fois encore, le plastron est divisé par des bandes horizontales, en plusieurs champs, que couvrent des rinceaux et des volutes en relief. Le champ supérieur est en ce cas occupé le plus souvent par une tête de Méduse.

Il semble que la cuirasse et le bouclier étaient les pièces les moins décorées de l'équipement grec, et le casque et les cnémides les plus décorées. On a, en assez grand nombre, des spécimens remarquables de cnémides. Elles sont souvent divisées en plusieurs bandeaux, en retraite les uns sur les autres, ce qui donne à la pièce une courbure générale d'un effet très-heureux. Des figures d'hommes, d'animaux et des cornes d'abondance, d'un assez haut relief, décorent chacun de ces bandeaux.

La décoration du casque consistait généralement en des figures d'hommes ou d'animaux, en ronde-bosse pour le cimier, en très-haut relief pour les côtés du timbre.

Le bouclier n'avait, ce semble, le plus souvent, que des figures ou des ornements peints. Une course circulaire de feuillage, soit laurier, soit olivier; des cercles tracés par des têtes de clou; un trépied, une couleuvre rampante ou une tête de Méduse : telles sont les figures décoratives qui, les unes pour la bordure du bouclier, les autres

Fig. 16. — Guerrier grec.

pour le centre, se présentent le plus ordinairement. (Voy. Hope et Willemin; *passim.*)

Cependant il faut tenir compte de ce fait que les poëtes grecs nous ont transmis des descriptions de boucliers d'une ornementation beaucoup plus savante et plus compliquée. Le lecteur a vu plus haut celle du bouclier d'Achille. En supposant que les monuments nous offrent ce qu'il y avait de plus usuel, et les poëtes ce qui était exceptionnel et rare par sa magnificence, on peut concilier les deux dépositions. J'incline à penser néanmoins qu'il ne faut pas assimiler à cet égard l'antiquité à la Renaissance, qui nous a laissé une multitude de boucliers d'une ornementation superbe et recherchée; le goût des armes luxueuses était alors bien autrement répandu, et les arts bien autrement avancés.

L'épée grecque, outre sa forme heureuse, qui est déjà une décoration, présente sur sa lame des filets dessinant des chevrons allongés (voy. p. 40). De plus, la poignée reçoit la lame entre deux bandes aplaties, découpées en demi-cercle, où la lame est maintenue par une rangée de gros clous à tête ronde, dont l'effet simple ne manque pas d'élégance. Le fourreau était carré, soutenu par des bandes de métal aux quatre angles, et en bas par une bouterolle dont la ligne terminale en demi-cercle débordait sur l'épaisseur du fourreau. Une course de rinceaux, dessinée sans doute par des incrustations métalliques, occupait le vide entre les bandes angulaires.

Les fers de javelot présentent des lignes correctes qui les dispensent de toute autre décoration. Les ailes en sont arrondies, et la douille prolongée par un filet rond et saillant, d'où résulte un aspect très-élégant (voy. p. 40). Cette forme, du reste, s'est perpétuée à travers l'antiquité romaine jusqu'au temps de la barbarie. (Voy. Musée d'artillerie, salle des antiquités grecques et étrusques.)

Le thorax, chez les Romains, est toujours ornementé d'après un système assez simple : ce sont généralement deux animaux ou deux figures placées symétriquement au bas du buste, qui forment l'élément principal de la décoration. Des feuillages, des figures géométriques, des objets empruntés au culte, tels qu'un autel, un brasier, viennent s'y ajouter, mais il reste toujours une assez large place nue et sans ornement; c'est là ce qui permettrait de distinguer à première vue les œuvres de l'antiquité romaine de celles de la Renaissance, qui se plaisait à couvrir entièrement la matière d'une surabondance de détails.

Au contraire de ce qui était chez les Grecs, le casque est chez les Romains la pièce la moins décorée de l'armure. Nous avons vu combien était simple et nu le casque du légionnaire. Il serait difficile, au reste, de trouver dans les représentations des empereurs ou des héros un grand nombre de casques remarquables, par la raison péremptoire qu'on représente presque toujours ces héros et ces empereurs tête nue.

Il est cependant un corps dont les soldats portent toujours dans les monuments un casque très-orné : ce corps est celui des prétoriens. Le bas-relief qu'on voit au musée du Louvre, encastré dans le piédestal

de la Melpomène, nous offre un de ces soldats. Son
casque est décoré d'une couronne de laurier en
haut-relief, contournant le timbre, qui est nu d'ailleurs. Les parties les plus décorées sont la visière,
où sont ciselées des armes de toute espèce en amas,
et la jugulaire qui porte des foudres ciselés ou repoussés.

Nous avons dit que le bouclier du légionnaire
était peint ; celui du cavalier, qui était en cuir
bouilli, ne se prêtait pas à un autre genre de décoration. Les chefs militaires n'avaient pas de bouclier
généralement. Cela explique pourquoi on trouve peu
de boucliers romains richement décorés. Les prétoriens, en revanche, se présentent, presque toujours,
dans les monuments, avec des boucliers ciselés.

L'épée romaine porte souvent, au pommeau ou
aux deux extrémités de ses quillons massifs et car-
rés, soit une tête de lion, soit un bec d'aigle.

Il faut dire ici quelques mots d'une arme défensive dont l'usage paraît s'être perdu de bonne
heure, en tant que véritable arme de guerre, mais
qui a persisté dans la sculpture, comme attribut de
la déesse Minerve ; on voit que je veux parler de
l'égide. Quant elle est figurée sur les statues de cette
déesse comme cuirasse, c'est que l'artiste a perdu
le sens et l'idée première de cette pièce. Sa vraie
forme est celle d'une large épaulière de peau posée
sur l'épaule gauche. On sait, en effet, que l'égide

fut faite avec la peau de la chèvre Amalthée, donnée par Jupiter à Minerve ; en conséquence, dans les sculptures où l'artiste s'est montré fidèle à la tradition, Minerve, en sus de sa cuirasse, porte l'égide dans la position et avec l'aspect que nous venons de dire ; elle tient lieu alors de bouclier. Nous ne nous occuperions pas de cette pièce singulière si elle n'était qu'une invention mythologique, mais il est plus que probable que c'est un souvenir d'une arme très-ancienne et peut-être de la première forme du bouclier. Quoi de plus naturel, en effet, qu'on ait commencé, chez certains peuples, par se mettre à l'épaule gauche et s'enrouler autour du bras une pièce d'étoffe forte ou de peau, pour se procurer la défense, que plus tard on songera à obtenir au moyen d'une ou de deux planches de bois ?

Ce qui semble confirmer cette supposition, c'est que l'égide, dans les temps postérieurs, n'est pas restée l'attribut exclusif de Minerve. Des camées, des pierres antiques montrent qu'elle a été portée par les rois successeurs d'Alexandre, et plus tard encore, à l'imitation de ceux-ci, par des empereurs ou des héros romains : non qu'ils s'en soient servis réellement à la guerre, mais ils la conservaient sans doute parmi les pièces de leur costume d'apparat, en souvenir, je le répète, d'un antique équipement passé à l'état de tradition. Je citerai, comme

exemple du fait, un buste d'Alexandre (voy. Mont-
faucon, t. IV, pl. 19) et un Germanicus déifié, ca-
mée qui appartient à la Bibliothèque nationale
(voy. Clarac, pl. 1054).

VI

LES SAUVAGES — LES FRANCS

LES SAUVAGES

On l'a plusieurs fois observé, ce qui s'est passé dans le temps, dans l'histoire, se retrouve plus ou moins exactement dans l'espace, dans l'étendue géographique. Quand on considérait, il n'y a pas bien longtemps, les peuplades sauvages répandues sur la surface du globe et arrivées à des points différents de la civilisation, on pouvait voir que les unes représentaient l'âge de pierre, d'autres l'âge de bronze, d'autres l'âge de fer, dans sa première période. Certaines peuplades, par exemple, de l'Afrique ou de l'Asie orientale nous offraient un état militaire répondant assez exactement à celui des Gaulois au moment de la conquête romaine, ou des Germains du temps de Tacite ; certaines nations de l'Amérique centrale, qui se servaient d'armes

de bronze, rappelaient les Grecs des temps homériques; tandis que les peuplades de l'Australie et
des îles Océaniques, avec leurs instruments, avec
leurs armes exclusivement faites de bois, d'os ou
de pierre, retraçaient l'âge de ce nom. C'est pour
cela que nous rapprochons ici les sauvages des
barbares.

Il n'y a pas longtemps, avons-nous dit, qu'il en
était ainsi : en effet, ces distinctions ont disparu
presque entièrement aujourd'hui. Grâce aux rapports qui, depuis deux siècles, se sont multipliés
entre les sauvages et les marchands, les naviga-
teurs civilisés, l'usage des armes en fer s'est répandu partout : en cela, comme en bien d'autres
choses, l'uniformité tend à s'établir.

L'arc, la lance ou le javelot, le couteau, le bâton
ou la massue, le bouclier, composent l'armement
commun de presque tous les sauvages. Il en est
cependant, et c'est une différence à noter, qui ne
connaissent pas l'arc ou qui ne le connaissaient pas
il y a peu de temps : les Australiens, par exemple ;
en revanche, ceux-ci se servaient de leur lance
comme d'une arme de jet avec une remarquable
supériorité.

« La lance, dit un voyageur, est leur arme nationale ; elle est longue d'environ 10 pieds, très-
mince, faite de roseau ou de bois et terminée par
une pointe barbelée. Étant donnée sa légèreté, on

aurait peine à croire qu'elle pût avoir quelque force
de projection. Cela serait impossible, en effet, sans
le secours du wummera, sorte de bâton droit et
plat, long de 5 pieds et terminé par un tuyau d'os
ou de peau, dans lequel est fixée l'extrémité de la
lance. On prend le wummera dans la main droite
avec trois doigts, tandis qu'on tient la lance entre
le pouce et l'index (de la main gauche). Avant de
lancer l'arme, on lui imprime un mouvement vibra-
toire qui, à ce qu'on suppose, permet de viser avec
plus de précision. Quand on lâche la lance, le
wummera reste dans la main. L'usage de ce procédé si simple ajoute beaucoup à la force de projection du trait. » Voilà certainement une des complications les plus ingénieuses qu'on puisse citer
à l'honneur des armes sauvages.

Sauf le wummera et quelques autres armes un
peu singulières, dont nous parlerons tout à l'heure,
ce qu'un arsenal sauvage (comme celui du Musée
de marine à Paris, par exemple) offre de remarquable, ce qui frappe d'abord le visiteur, c'est la
légèreté apparente des flèches et des lances. Quelques-unes faites en roseau, en bambou, sont en
effet très-légères ; on en a profité pour leur donner
des dimensions extraordinaires ; il y a des lances
trois ou quatre fois longues comme celle de nos
lanciers. Certains arcs, par la même raison, atteignent 7 à 8 pieds de long.

En second lieu, ce qui étonne et ce qui est en effet digne d'étonnement, ce sont les nœuds, les ligatures compliquées par lesquelles les fers de flèche, de lance, de hache, ou bien les os, les pierres, les morceaux de cristal qui tiennent lieu de fer sont maintenus, et ajoutons maintenus solidement, dans le bois fendu, à l'extrémité des diverses armes. Nous avons déjà fait observer l'habileté des sauvages à cet égard.

Ce qui est plus étonnant encore que tout cela, mais ce qui ne ressort pas naturellement dans un musée, c'est l'habileté qu'ont les sauvages dans le maniement de leurs armes, la terrible efficacité qu'ils savent leur donner à force d'adresse et d'énergie musculaire. Avec la lance garnie du wummera, dont nous parlions tout à l'heure, le capitaine Grey dit avoir vu les Australiens tirer souvent un pigeon à la distance de 50 mètres. Cook raconte qu'à 50 mètres ces sauvages, toujours avec la même lance, étaient plus sûrs de leurs coups que ses soldats ne l'étaient avec une balle. Ils font de cette dernière arme un usage assez singulier : ils s'en servent pour la pêche. Un voyageur assure avoir vu des Californiens plonger dans le Murray la lance à la main et reparaître avec un poisson au bout de la lance.

Les Hottentots sont à peu près de même force que les Australiens : à 30 ou 40 mètres, ils atteignent un lièvre au repos avec leur javeline, le rackum-itick ; avec cette arme, si inférieure en apparence à la carabine rayée, ils osent, dit-on, s'attaquer à l'éléphant, au rhinocéros et même au lion. — Il est à croire cependant qu'ils se mettent en troupes pour chasser ces grosses bêtes.

Qui croirait que l'Indien de l'Amérique traverse de part en part avec une flèche un cheval et même un buffle?... Voilà qui exige de la vigueur assurément ; voici à présent une singulière adresse : « Les Indiens du Brésil tuent les tortues à coups de flèches ; mais, s'ils visaient directement l'animal, l'arme ne ferait qu'effleurer l'écaille dure et polie : aussi décrochent-ils leur flèche en l'air, de façon qu'elle tombe presque verticalement sur la carapace de la tortue et puisse ainsi la traverser. » (Pubock.)

A propos des flèches, il est bon de rectifier une erreur assez générale. Tout le monde sait que tous les sauvages des climats chauds s'entendent à préparer des poisons violents dans lesquels ils trempent le bout de leurs flèches : ce qu'on ignore, c'est que les flèches empoisonnées servent à peu près exclusivement à la chasse ; il semble qu'il y ait parmi ces peuples une convention tacite, une sorte de droit des gens, qui interdise d'employer à la guerre les armes empoisonnées.

Venons à ces armes particulières, dont nous

avons parlé plus haut et qui sont d'un usage spécial à tel ou tel peuple.

Le *boomerang* est propre à l'Australie. C'est un bâton, non pas droit, mais recourbé comme un sabre, long d'environ 3 pieds. On s'en sert à la chasse et à la guerre; voici comment : On le prend par un bout dans la main droite et on le jette comme une faucille, soit en l'air, de bas en haut; soit de haut en bas, de façon qu'il frappe la terre à quelque distance de celui qui l'a lancé. Dans le premier cas, le bâton monte avec un mouvement de rotation, puis retombe à l'endroit précis que l'Australien a visé et produit sur l'homme ou l'animal l'effet d'écrasement d'une forte tuile.

C'est là une manœuvre déjà assez singulière; mais voici qui est plus fort : supposons qu'il s'agisse d'atteindre le même objet ; l'Australien considère la position de l'objet, son éloignement, puis se retourne et lance verticalement le boomerang; par un effet de la forme du bâton, combiné avec l'impulsion, le boomerang revient en arrière par-dessus la tête de son maître et va frapper le but auquel celui-ci tourne le dos. Cela semble assez incroyable. Pourquoi l'Australien tourne-t-il le dos à l'objet qu'il veut atteindre? quel avantage a cette manœuvre? C'est ce que les voyageurs ne disent pas; et franchement on aurait besoin de le savoir. — Dans le cas où on lance le boomerang contre

terre, il va en ricochant atteindre le but désigné ;
ceci au moins se comprend.

Les Malais, les sauvages de la vallée des Amazones, au lieu de lancer leurs flèches avec un arc,
les mettent dans un tube et soufflent ; autrement
dit, ils remplacent l'arc par la sarbacane.

Les Patagons ont la *bola* et le *lasso*. La bola, c'est
tout simplement une corde assez longue avec une
boule de pierre ou de métal au bout, ou plutôt ce
sont deux cordes, avec chacune sa boule. Le Patagon, tenant l'un des bouts des cordes, fait tournoyer fort adroitement autour de sa tête les deux
boules pesantes et en frappe son objet, comme
d'une longue et flexible massue. Le coup d'une de
ces bolas, ainsi tournoyée à l'extrémité d'une longue corde, a une violence redoutable. Le maniement de la bola demande un apprentissage et n'est
pas si facile qu'il en a l'air. — Le lasso est une
bola, mais dont on se sert différemment. Au lieu de
faire tournoyer la boule et d'en donner des coups,
on prend dans la main le bout de la corde et la
boule, on brandit le bras et on lâche la boule en
ligne droite, comme une pierre, en retenant la
corde. Supposons qu'on ait ajusté la jambe d'un
cheval, par exemple, ou la boule l'atteint et la
casse, ou la boule passe à côté, frise la jambe, et,
retenue par la corde, revient avec un mouvement
circulaire, enlace la jambe ou plutôt les deux jam-

bes de trois ou quatre tours. Le Patagon qui tient la corde n'a qu'à la tirer pour faire faire au cheval un faux pas qui le renverse ; et s'ils sont plusieurs sauvages, en s'attachant à la corde, ils traineront le cheval où ils voudront.

LES FRANKS DE CLOVIS

Les Franks, ceux des vainqueurs de Rome, qui ont laissé le nom le plus grand, et qui d'ailleurs nous intéressent doublement, nous autres Français, parce qu'ils nous ont légué leur nom et parce qu'ils ont versé quelques gouttes de leur sang germain dans notre fond de sang gaulois, les Franks nous sont aussi mieux connus que les autres peuples barbares, tels que Huns, Hérules, Gépides, Visigoths, Ostrogoths, Vandales, etc. Nous ne parlerons pas de ceux-ci, parce que nous n'en pourrions parler qu'en termes généraux et vagues, et qu'en fait d'armes, il n'y a que le détail précis, particulier, qui ait de l'intérêt et de la valeur ; nous nous contenterons, en conséquence, des Franks.

L'armement des Franks est simple et tout à fait en rapport avec l'état de barbarie où ils étaient quand ils conquirent la Gaule. D'abord nous ne trouvons chez eux pour toute arme défensive que le bouclier ; ni cuirasse, ni cotte de mailles, pas même le casque. Ils allaient à la guerre tête nue, lé corps couvert d'un vêtement de toile, d'une courte tunique serrée au corps. Tacite dit bien qu'on en voyait quelquefois avec des cuirasses à la romaine ; mais c'est là évidemment un accident. Des Franks ont pu se parer des dépouilles d'un

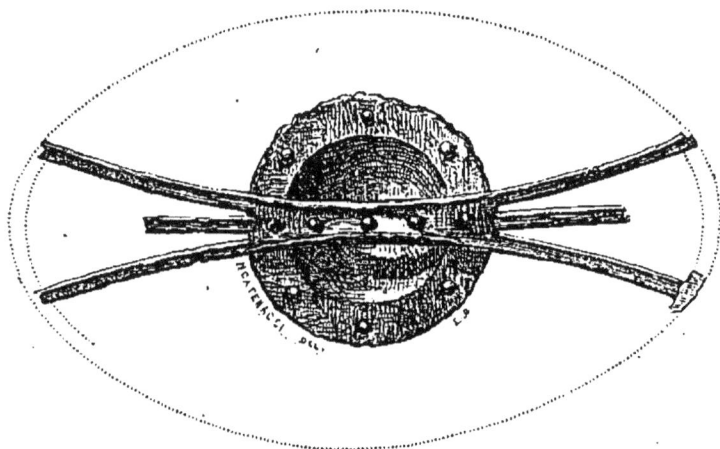

Fig. 17. — Bouclier frank.

Fig. 18. — Umbo.

Romain, tué sur le champ de bataille, ou volées ailleurs ; mais il n'y a pas lieu de tenir compte de ces exceptions.

Donc pas de cuirasse ni de casque, rien qu'un bouclier, rond ou ovale, en bois, garni en son milieu d'un umbo ou ombilic, espèce de calotte pro-

fonde en fer qui, par devant, fait une forte saillie
et qui, par derrière, fait naturellement un creux.

Sur ce creux passe une lame de fer, dont les bords
sont un peu repliés. Cette lame, clouée des deux
côtés sur le bois du bouclier, servait tout à la fois
à soutenir les ais, sur lesquels elle se prolongeait
presque jusqu'à l'orbe, en se divisant en trois
branches, et à prendre le bouclier avec la main.
C'est donc en même temps un manipule et une armature. La figure ci-dessus donne mieux une idée
de l'umbo qui ne pourrait faire une description.
On comprend en la voyant que les premiers umbos
découverts dans les tombeaux franks aient pu être
pris pour des casques.

Les armes défensives sont : 1° la *francisque*. Cette
arme, de l'usage le plus général parmi les Franks
et qui a dû à cela sans doute d'être appelée de
leur nom, était une hache. Ils s'en servaient à l'occasion, certainement, comme on se sert habituellement d'une hache pour frapper, mais leur manière
à eux particulière de s'en servir, c'était de la lancer,
soit à la tête de l'ennemi, soit contre le bouclier,
qu'elle fracassait. Les historiens ont noté l'extraordinaire habileté qu'ils montraient presque tous dans
cet exercice. Il était rare, disent-ils, que la hache
d'un Frank manquât son but.

La francisque avait des formes diverses. On en
trouve qui ont un fer étroit, allongé, légèrement

courbé à l'extérieur, très-échancré à l'intérieur ; d'autres, petites, allongées aussi, peu ou point échancrées. Un troisième modèle présente, d'un côté du manche, un fer comme ceux dont nous venons de parler, de l'autre une sorte de ciseau, comme la tie avec laquelle on dole le bois ; c'est à peu près la bisaguë actuelle qu'on voit aux mains des charpentiers.

2° La lance ou *framée*. Le fer de cette arme avait aussi des formes diverses. Les fouilles en ont donné de longs, de courts, de triangulaires, de longs et aplatis comme des feuilles de saule, d'autres en losange, d'autres barbelés. Quelques-uns présentent à leur base des crochets ; mais toujours le fer fait corps avec une douille. Le manche de la lance entrait dans cette douille, percée de deux trous opposés, et dans ces trous on faisait passer un rivet qui maintenait le manche, généralement en bois de chêne.

Ce que j'ai dit de la diversité des fers de lance peut s'appliquer aux fers des flèches, ou plutôt des javelots, car elles se lançaient avec la main, ce qui est le propre des javelots. Est-ce dans la lance munie de crochets ou dans la flèche barbelée qu'il faut reconnaître le fameux *angon* frank, dont Agathias a décrit avec soin le maniement et les effets? On ne sait, et c'est encore un sujet de discussion. Quoi qu'il en soit, voici le passage d'Agathias :

« Les armes des Franks sont fort grossières. Ils n'ont ni cuirasse, ni bottes. Peu ont des casques...

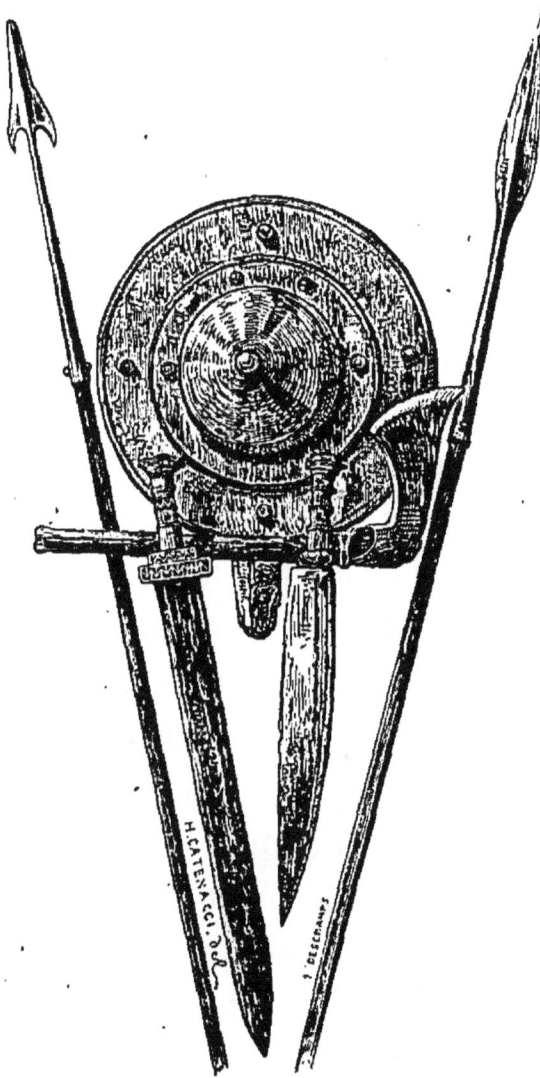

Fig. 19. — Armes des Franks.

Ils n'ont guère de cavalerie, mais ils se battent à pied avec beaucoup d'adresse et de discipline. Ils ont l'épée le long de la cuisse, et le bouclier

sur le côté gauche. Ils ne se servent ni d'arc, ni
de fronde, ni de flèches, mais de haches à deux
tranchants et de javelots. Ces javelots ne sont ni
fort longs, ni fort courts. On peut s'en servir contre
l'ennemi en les tenant à la main, ou en les lançant.
Ils sont tout couverts de fer, excepté la poignée. Au
haut, en approchant de la pointe, il y a deux fers
recourbés, un de chaque côté. Dans le combat ils
jettent ce javelot contre l'ennemi, et il s'engage tellement dans la chair par ces deux petits crocs qu'il
a aux deux côtés de sa pointe, qu'il est difficile de
l'en tirer : ce qui cause de grandes douleurs, et
peu réchappent de ces blessures, quand même elles
ne seraient pas d'abord mortelles. Si l'ennemi pare
le coup et que le javelot donne dans le bouclier, il
y demeure embarrassé et suspendu par ces mêmes
crocs ; et comme il est assez long et fort pesant, son
poids le fait traîner jusqu'à terre : il ne peut être
arraché du bouclier ni coupé avec le sabre, parce
qu'il est couvert de fer. Au moment de cet embarras, le Frank qui a jeté le javelot s'avance en sau-
tant, met le pied sur le bout du javelot qui touche à
terre, et, appuyant dessus, oblige l'ennemi, malgré
qu'il en ait, à pencher son bouclier et à se découvrir. C'est alors qu'avec la hache ou avec un autre
javelot, ou avec l'épée dont il frappe au visage ou
à la gorge, il le tue. »

5° Le sabre ou *scramasax* n'était, à proprement

parler, qu'un grand couteau long de 0^m,50 au
plus, ayant 0^m,05 dans sa plus grande largeur, et
pesant 2 livres environ. L'arme était *caraxée*, c'est-
à-dire creusée de deux sillons sur chaque face
près du dos, dans lesquels on mettait du poison.
C'est avec cette arme meurtrière que Frédégonde
faisait, ou plutôt faisait faire les bons coups qui lui
ont valu sa célébrité. Quand elle voulut se défaire
de Prétextat, évêque de Rouen, « cette reine, dit
Grégoire de Tours, fit faire à cette intention deux
couteaux de fer et ordonna de les caraxer profondément et de les injecter de poison, afin que, si le
coup ne tranchait pas la fibre vitale, le poison pût
avec plus de rapidité ôter la vie au saint évêque. »
Outre le coutelas, le Frank avait un ou plusieurs
petits couteaux pendus à sa ceinture. Il est vrai
que ce couteau, qui ne se fermait pas, dont la
lame entrait dans une gaîne, lui servait plus
habituellement à des usages pacifiques, mais
il n'en était pas moins pour cela une arme de
combat et de voyage. Les femmes mêmes en portaient.

4° Après ces armes communes à tous les guerriers, vient l'épée, dont l'usage était, ce semble,
réservé aux chefs ou aux soldats d'élite. Cette arme,
plus longue que le scramasax (0^m,75 à 0^m,80),
était plate, aiguë, tranchante des deux côtés. Elle
avait un fourreau de bois ou de cuir, au lieu que

le scramasax n'en avait probablement pas. La poignée de bois était souvent décorée d'incrustations de cuivre. C'était, comme je l'ai dit, une arme privilégiée ; Tacite lui-même l'indique : *Rari gladiis utuntur* : « Il y en a peu qui se servent d'épées. »

LES FRANKS DE CHARLEMAGNE

De l'époque où les Franks envahirent la Gaule, au règne de Charlemagne, il y a un vide impossible à combler. Les monuments écrits sont rares et les monuments figurés font complétement défaut. Cette lacune est, il est vrai, moins regrettable, parce qu'elle porte sur une époque stagnante où rien ne se modifie ni ne se perfectionne, où les anciennes armes persistent, en se dégradant lentement.

Nous n'avons pas à raconter en détail les guerres de Charlemagne. Il suffit de citer le nom des peuples qu'il combattit et dont il triompha : Lombards, Aquitains, Saxons. Ces derniers étaient armés sans doute à peu près comme les Germains au temps où ils conquirent la Gaule. Les Aquitains, les Lombards devaient, dans leur armement, rappeler les Romains, dont ils avaient suivi si longtemps, dont ils suivaient même encore, à certains égards, les traditions. Quant aux Basques qui firent subir à l'illustre em-

pereur la défaite si renommée de Roncevaux, on
voit qu'ils ne se prirent pas corps à corps avec les
soldats et les leudes franks. Leurs armes furent la
flèche, la pierre lancée à la main ou avec la fronde.
Venons maintenant à celles des troupes de Charlemagne.

Les monuments de l'époque présentent deux
espèces de soldats. L'un, le frank ou le leude,
qui est le véritable soldat, celui dont est composée,
en très-grande partie, l'armée de l'empereur, a encore les mêmes armes offensives que le Frank de la
conquête : la lance, l'épée, telles que nous les avons
vues, la hache aussi sans doute. Quant aux armes
défensives, il y a de la différence : les soldats de
Clovis dans ce genre ne connaissaient guère que le
bouclier ; les leudes de Charlemagne portent la *lo-
ricq*, véritable cotte de mailles, ou la *brunia* ; celle-
ci est une cotte (une espèce de paletot court et
serré) rembourrée, entièrement garnie de petites
pièces carrées de métal, plus ou moins rapprochées
et cousues sur l'étoffe. Ils vont tête nue, pour la
plupart, comme leurs pères ; les plus riches seuls
ont des calottes en cuir. Différence plus essentielle
au point de vue militaire : les premiers Franks
étaient une infanterie, ils n'avaient que peu ou
point de chevaux ; parmi les Franks de Charlemagne, au contraire, les gens à cheval sont ou tendent
à devenir les plus nombreux. Nous approchons de

l'époque où la cavalerie, qu'on ne tardera pas à appeler la chevalerie, sera tout, où les piétons, serfs, paysans, seront comptés pour rien, à l'armée comme au village.

L'autre soldat, qui semble appartenir à un corps privilégié, à une sorte de garde impériale, diffère beaucoup du premier. Son équipement est celui du prétorien romain. Il n'en diffère que par le casque. Le prétorien portait une calotte de fer ronde. Ce soldat-ci a une calotte à trois faces, surmontée en guise de

Fig. 20. — Soldats de Charlemagne.

cimier d'une sorte de rinceau, lequel n'est pas d'un aspect fort heureux, comme on peut en juger.

VII

———

Avant d'entrer dans l'histoire des armes au moyen âge, il n'est pas inutile, je crois, d'exposer préalablement, en quelques mots, la manière dont on recrutait et dont on assemblait en corps de troupes, du moins chez nous, les soldats porteurs de ces armes.

Durant toute la période, dite gothique, qui va du neuvième siècle au seizième, la force des armées consista à peu près exclusivement dans la *gendarmerie* ou cavalerie d'hommes portant l'armure complète et la lance. Ceux-ci étaient des seigneurs, des possesseurs de fiefs, qui, directement ou médiatement, devaient à leur suzerain, le roi, à raison de leurs fiefs, un service militaire d'une durée variable : soit quarante jours ordinairement. Quand le service se prolongeait, le roi était censé leur donner une paye ; je dis était censé, parce que les rois s'acquittèrent toujours fort irrégulièrement de leurs obligations envers leurs vassaux. Appeler les vassaux aux armes, cela s'appelait convoquer le *ban*.

L'infanterie, dans la même période, n'était qu'un ramassis de serfs ou de sujets, conduits à l'armée par leurs seigneurs. On ne voit pas qu'on en ait jamais formé quelque chose comme des régiments ou des compagnies. Chacun d'eux s'armait à volonté. C'était là l'armée ordinaire, l'armée *féodale.*

Extraordinairement, sous Philippe-Auguste, on forma momentanément une infanterie régulière, dont les chefs au moins étaient nobles. Ce sont les *sergents d'armes*, qui figurèrent avec distinction à la bataille de Bouvines, et qu'il ne faut pas confondre avec le piètre fantassin, serf ou sujet, qu'on nomme communément *sergent* au moyen âge. Cette institution ne dura pas.

Deux fois, à des époques assez éloignées, au douzième et à la fin du quatorzième siècle, on pratiqua sur une grande échelle le système des engagés volontaires. Des seigneurs, des hommes versés dans l'art militaire, prenaient sur eux de recruter parmi les hommes déclassés, brigands, voleurs, serfs résolus échappés au servage, nobles ruinés ou bourgeois aventureux. Ils formaient de ces hommes exceptionnellement énergiques des compagnies, qu'ils allaient ensuite offrir au roi de France, ou aux

autres princes souverains du temps, comme par
exemple le comte de Toulouse au douzième siècle,
et au quinzième les rois d'Angleterre, d'Espagne,
de Portugal, etc. C'étaient des troupes excellentes,
mais qui, indifférentes à toute cause, à tout pays,
composées d'ailleurs de scélérats capables de tous
les crimes, ne restaient d'abord au service de leur
souverain momentané qu'autant qu'un autre ne
leur offrait pas une paye supérieure, et qui ensuite
désolaient et ruinaient de toutes manières la con-
trée où ils guerroyaient. Chacun sait quel effroyable
renom ont laissé dans l'histoire les *routiers* du
douzième siècle, et surtout les *grandes compagnies*
du quinzième. Il y a cette différence à noter pour
les dernières, qu'elles furent organisées avec plus
de science militaire, chaque compagnie compre-
nant des gens d'armes, des archers à cheval, des
gens de pied, etc., et offrant avec méthode toutes
les variétés de soldats que pouvait comporter une
armée à cette époque.

Charles VIII fut le destructeur des armées féoda-
les; il inaugura le système des compagnies de gens
d'armes, recrutées pour le compte du roi par des
capitaines *commissionnés* pour cela, et soldées directement des deniers du trésor royal ou au moyen
d'impôts *ad hoc*, imposés aux diverses provinces.
La plupart des gentilshommes qui avaient la vocation militaire entrèrent à partir de ce moment, soit

comme chefs, soit comme simples soldats, dans les *compagnies d'ordonnance.*

Pour l'infanterie, on essaya d'un système analogue. On choisit dans chaque commune un homme adroit à tirer de l'arc ou de l'arbalète, qui s'équipa à ses frais, et fut en revanche exempt de tout impôt. Ces hommes restaient dans leur foyer, et on ne les mettait en compagnie qu'en temps de guerre : alors aussi ils recevaient une solde. Ces honnêtes archers firent à l'infanterie française la plus déplorable réputation. Il en est resté toute espèce de bons contes (notamment le Monologue du franc-archer, qu'on attribue à Villon ; voy. le *Recueil de farces et soties* de Jeannet).

Quelques années plus tard on fit connaissance avec l'infanterie suisse. Il est vrai que ce fut l'épée et la pique au poing. Puis vinrent les victoires remportées par les Suisses sur Charles le Téméraire ; elles achevèrent de donner en France la plus haute idée de ces soldats montagnards. On loua désormais des corps de piquiers et de hallebardiers suisses, et on abandonna entièrement tout espoir de former une infanterie française. Il fut convenu parmi les militaires que la noblesse française était seule bonne à l'exercice de la guerre.

Après les Suisses, on s'engoua des Allemands. Cependant François Ier, sous la pression des circonstances, et au moment de rentrer en guerre contre

Charles-Quint, en 1554, voulut essayer encore d'une milice nationale. Il ordonna la levée de sept légions de six mille hommes de pied chacune « à l'exemple des Romains ». Chacune de ces légions devait être composée d'hommes choisis dans la même province; les chefs aussi ne pouvaient être que des nobles de la province, en sorte que le courage des soldats fut renforcé de patriotisme local et d'émulation provinciale. Cette belle idée ne fut pas réellement exécutée et on en revint aux troupes étrangères soldées, qui coûtaient cher, et qui avaient des exigences rebutantes, surtout le matin des batailles; mais on n'y revint pas exclusivement, car on étendit à l'infanterie le système des *commissions*. Des capitaines nommés d'avance eurent brevet pour recruter des troupes de pied dans certaines provinces moins mal famées, au point de vue militaire, que le reste de la France, comme la Gascogne et le Dauphiné. Cette manière de former des compagnies et des régiments avec des engagés volontaires, que leurs chefs futurs se chargeaient de trouver, a été usitée jusqu'en 1789, pour la plus grande partie de l'armée française. Les corps étrangers formaient le complément nécessaire.

Ces troupes suisses et allemandes, qui étaient divisées en corps uniformément armés, hallebardiers, piquiers, arquebusiers, furent le modèle

sur lequel on réforma partout les anciennes armées. La disparité de l'armement, si générale au
moyen âge, disparut ; on entremêla bien encore sur
le champ de bataille les hallebardiers, les piquiers
et les arquebusiers, mais cela n'empêchait pas que
hors de là chacun de ces soldats n'appartînt à un
corps distinct, ayant ses officiers, sa paye particulière et son armement spécial, commun à tous les
membres du corps.

Ce corps, ou l'*unité tactique*, comme on dit, était
à cette époque la compagnie. Les régiments ne vinrent que plus tard, et on n'en aperçoit pas bien
clairement l'origine.

Quant à la cavalerie, jusque-là composée exclusivement de gendarmerie, ce furent encore des troupes
étrangères soldées qui furent pour la France l'occasion de la réforme. Les *estradiots*, cavaliers illyriens
ou dalmates qui portaient une zagaie, c'est-à-dire
un javelot ferré par les deux bouts, et les *reîtres*
allemands qui, au lieu de la lance, avaient le pistolet
avec l'épée, nous donnèrent l'idée première des
divers corps de cavalerie dite cavalerie légère, qu'on
forma vers le milieu du seizième siècle, tels que les
carabins et les chevau-légers. Ceux-ci, à l'imitation
des étrangers, prirent les uns l'arquebuse, et les
autres le pistolet à la place de la lance, qui commençait d'ailleurs à tomber dans le discrédit. Ils
portaient encore cependant l'armure comme les

gendarmes, du moins dans les commencements et jusqu'au milieu des guerres de religion. Le désordre s'introduisit alors dans tous les corps; beaucoup de soldats de leur autorité privée remplacèrent la cuirasse par un simple justaucorps de buffle.

Le mode de recrutement propre au régime féodal, le ban par lequel nous avons débuté, n'était pas cependant tombé complétement en désuétude. Au seizième et au dix-septième siècle, et jusque sous Louis XIV, les rois pensèrent, en certaines circonstances, à réclamer le service des possesseurs de fiefs. Ce n'est pas toutefois qu'on eût une bien bonne opinion de la milice féodale au seizième siècle : en une ou deux occasions, elle avait lâché pied misérablement. Est-ce que l'esprit militaire s'était retiré· de la classe noble? Non; mais ce qu'il y avait de meilleur dans cette classe était déjà enlevé pour la gendarmerie; il ne venait donc au ban que des hommes qui avaient répudié par goût la carrière militaire, souvent âgés, et toujours sans usage des armes, surtout sans discipline. On avait pu s'en passer autrefois, alors que l'ennemi était lui-même indiscipliné; mais des bandes, comme étaient les armées du moyen âge, ne pouvaient plus désormais tenir sérieusement contre l'ordre et la tactique modernes.

La dernière réquisition du ban, qui eut lieu sous

Louis XIV, emmena entre ces faux soldats des dés-
ordres et des querelles qui dégoûtèrent le roi d'y
avoir plus jamais recours.

Sous Louis XIV, la conscription fut, non pas
inventée, mais sérieusement appliquée pour la première fois. On formait avec les individus qui tombaient au sort des régiments de *miliciens*, destinés
à garder les côtes et les villes durant la guerre, non
à faire campagne. On n'avait pas encore assez de
confiance dans les instincts militaires du paysan
français. Il a fallu la Révolution et l'Empire pour
prouver que notre race avait autant d'énergie naturelle que la race suisse ou allemande.

Il ne faut pas objecter contre l'existence de cette
opinion que les régiments étaient pourtant composés d'enrôlés français, car on faisait et on avait dû
faire une grande différence entre des hommes qui
s'offraient d'eux-mêmes pour le service, témoignant
par là d'une vocation et d'une énergie particulières,
et les hommes qu'on prenait de force et sans triage
à leur métier ou à leur charrue. Ce sont ces derniers
qu'on croyait incapables de faire jamais de bons
soldats, par une faiblesse de cœur naturelle au
commun de la nation. Et c'est bien cette opinion
qui, répandue en Europe par les émigrés au début
de la révolution, rendit d'abord les étrangers si en-
treprenants contre nous, et ensuite si abasourdis de
nos premières victoires.

L'organisation militaire du moyen âge était déjà toute constituée, à ce qu'on croit, à la fin du règne de Charles le Chauve. Le seul soldat véritable, le *miles*, c'est déjà le riche ou le noble, qui va à la guerre à cheval, suivi d'une escorte de vassaux, de serfs armés de frondes, d'arcs, d'épieux, de coutelas. En bataille rangée, ceux-ci ne jouent qu'un pauvre rôle. Sans armes défensives, sans armes offensives propres à arrêter les chevaux, sans tactique ni discipline, comment soutiendraient-ils le choc des cavaliers couverts de leur *haubert*, armés d'une longue lance, et d'une pesante épée? Donc le combat sérieux se passe entre cavaliers.

Pour bien voir l'équipement de ce cavalier, il faut se référer à un monument un peu postérieur, à la tapisserie de Bayeux, qui représente la conquête de l'Angleterre par Guillaume et ses Normands.

Chacun sait, au moins dans ses traits principaux, l'histoire de cette conquête ; comment Guillaume, duc de Normandie, se prévalant des anciennes promesses d'Édouard, dernier roi d'Angleterre, bien que celui-ci les eût révoquées à son lit de mort, et d'un serment d'obéissance arraché à Harold, roi désigné par Édouard, durant une captivité que Harold subit en Normandie quelque temps avant la mort d'Édouard ; comment, dis-je, Guillaume envahit l'Angleterre avec une armée d'aventuriers attirés par l'espoir du butin ou animés d'une sorte de zèle religieux, car le pape s'était déclaré contre Harold ; comment Guillaume *gagna* l'Angleterre en une seule bataille à Hastings (1066). Voyons à présent avec quelles armes l'Angleterre fut conquise et subjuguée.

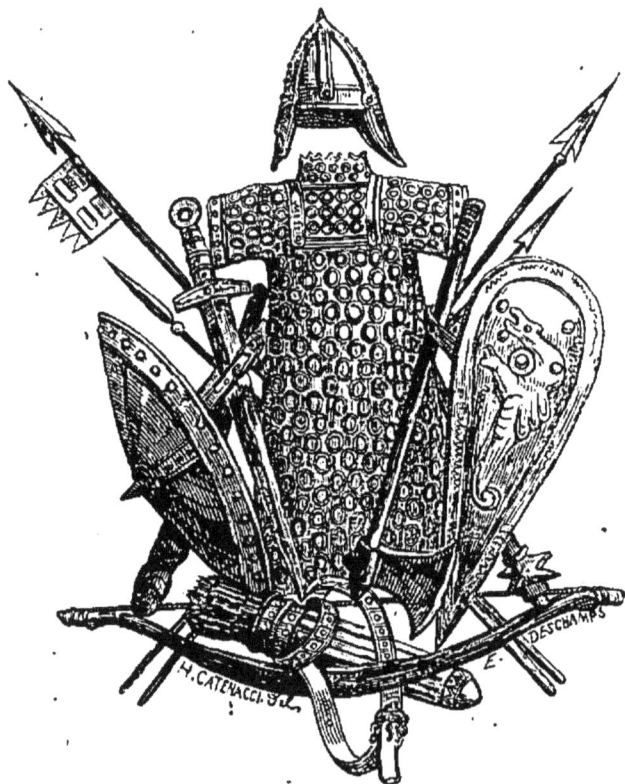

Fig. 21. — Armes du onzième siècle, d'après la tapisserie de Bayeux.

Ce qu'on remarque d'abord dans la tapisserie de Bayeux, c'est que, parmi les combattants, les uns sont à cheval, les autres à pied : ces derniers, vêtus exactement comme les premiers, semblent moins des piétons véritables que des cavaliers démontés.

Il est probable du reste que l'auteur de cette tapisserie, quel qu'il soit, n'a voulu donner place dans
son œuvre qu'au soldat noble, au *miles*. Le suivant,
archer, frondeur, paysan armé de l'épieu ou du coutelas, n'existait pas pour lui. Quoi qu'il en soit, voyons
pièce à pièce l'équipement de ces soldats nobles.

La calotte dont ils sont coiffés nous frappe d'a-
bord ; elle à la forme d'un cône pointu ou d'une pyramide. Ce cône est garni par devant d'une pièce
de fer quadrangulaire qui descend sur le front et
sur le nez et qui s'appelle le *nasal*. Il semble être
composé d'une carcasse de fer, dont les branches
dessinent ces divisions qui apparaissent sur le cône
ou délimitent les faces de la pyramide. On comblait
les vides entre les branches avec de l'étoffe, ou peut-
être avec une sorte de tôle. Cette calotte n'est pas
toujours munie d'un garde-nuque, comme le spécimen que nous donnons. Au reste, ce garde-
nuque n'était pas nécessaire ; car l'armure maillée,
qui défendait le corps enveloppait le cou et montait
par derrière jusque sous la calotte du casque.

Le corps, comme je viens de le dire, est couvert par une chemise en mailles de fer, ou par
une blouse étroite sur laquelle sont cousues des
plaques de fer, soit carrées, soit rondes, soit triangulaires. Ces plaques figurent à l'œil des lignes horizontales, perpendiculaires ou obliques. La chemise
à plaques, autant qu'on peut en juger par l'examen

de notre tapisserie , semble avoir été beaucoup plus commune que la chemise à mailles. Elle avait des manches qui descendaient jusqu'au milieu de l'avant-bras. Serrée au corps, elle se divisait au bas du ventre, et chaque partie se repliant autour de la cuisse formait chausse. La jambe et le pied étaient enveloppés de simples bandelettes.

Outre les défenses de corps, chaque guerrier portait un bouclier, qui est tantôt ovale par le haut, allongé et pointu par le bas, tantôt arrondi. Un umbo très-peu saillant, d'où partent quatre ou cinq rayons, forme communément sa décoration extérieure. Sur la face intérieure, on voit tout en haut une embrasse qui servait sans doute à porter le bouclier sur le dos, et au-dessous, vers le milieu, deux embrasses plus courtes, parallèles entre elles, ou bien deux verges formant une double poignée, une espèce de manipule, en un mot, dans lequel le guerrier passait le bras ou la main, suivant l'occasion, pour manœuvrer le bouclier devant son corps.

Les armes offensives sont : la lance, l'épée, la massue, la hache et l'arc. La lance consiste en un fer triangulaire, parfois barbelé, monté sur un manche mince, égal partout. Cela permettait de s'en servir pour le jet, comme pour l'hast. On voit assez souvent, en effet, les cavaliers balancer la lance au bout de leurs doigts et la darder comme une javeline. En marche, on appuyait l'extrémité de l'arme sur l'étrier. L'épée, dont il est malaisé d'apercevoir nettement la forme, paraît courte, large au talon et progressivement diminuée pour former la pointe. On la portait sur le côté gauche. La massue, bâton noueux, extrêmement gros au bout, rappelle tout à fait la massue classique, celle qu'on voit si souvent aux mains d'Hercule. Elle était généralement en bois durci au feu, et plus rarement en fer imitant les nœuds et les inégalités du bois. La hache à un seul tranchant a exactement l'aspect des haches en usage aujourd'hui parmi les bûcherons. L'arc ne présente rien de particulier : il semble assez peu employé. Un ou deux hommes portent avec l'épée un poignard long ou une dague, arme rare alors, et plus tard très-commune.

Nous allons voir maintenant comment étaient armés les vassaux et les sujets de Louis le Jeune, de Philippe-Auguste et de saint Louis, les guerriers qui accomplirent les premières croisades, les plus brillantes de toutes. Cela nous permettra d'exposer tout d'un coup les changements survenus dans l'intervalle (de 1066 à 1200 environ).

La chemise plaquée ou maillée, que j'ai décrite, a été remplacée, vers le commencement du douzième siècle, par une tunique à manches courtes, qui s'arrête un peu au-dessus des genoux. Cette tunique est couverte parfois de plaques de métal ; mais plus généralement elle consiste en un tissu de mailles, tantôt simple, tantôt double, quelquefois, mais rarement triple. Étroite et d'une venue, elle s'ajustait à la taille par une ceinture lâche. C'est là le *halbergue* ou *haubert* proprement dit. Il était garni par le haut d'un capuchon également maillé qu'on portait rabattu sur le col à l'ordinaire, qu'on relevait sur la tête pour la bataille et sur lequel on plaçait le casque, cette calotte de fer que nous avons déjà vue. Un baudrier, décoré de pièces de métal diversement découpées, descendait en travers sur le haubert, de l'épaule droite à la hanche gauche, et soutenait l'épée sur le flanc. Voilà sous quel aspect se présentait l'homme de guerre, le chevalier, au commencement du douzième siècle. Ajoutons que par-dessous le haubert il portait une chemise en étoffe forte, chemise de guerre, *camisia*.

Ce costume ne dura guère sans se transformer. Les premiers changements qu'il subit lui vinrent de l'habit civil. Du reste, de tout temps, le vêtement de guerre suivit la destinée de l'autre, du vêtement ordinaire. Ainsi, par exemple, si la chemise que nous offre la tapisserie de Bayeux se fendait au bas du corps et se divisait en deux pour se replier autour des cuisses, cela avait lieu à l'imitation du costume journalier. Et si, au point où nous en sommes, le haubert est d'une pièce entière jusqu'au bout et court, c'est qu'il a été fait sur le modèle de la tunique quotidienne, du *vestitus francis-*

cus. Donc le haubert prit d'abord des manches tombant jusqu'aux poignets; puis progressivement, de la fin du douzième siècle au commencement du treizième, il s'allongea par en bas et descendit à mi-jambe : toujours à la suite de la mode civile, qui en ce moment remplaçait la tunique courte par la robe longue.

Des innovations furent faites en même temps pour les autres pièces de l'armure. Le chevalier commença à porter des gants en peau de buffle, couverts de mailles ou de pièces de fer, des bas sans pied ou chausses de mailles, et des chaussons de mailles. Le baudrier changea de place. Il était en écharpe, on le mit en ceinture — au-dessous de la ceinture. Ainsi placé, il tombait un peu par devant à l'endroit où les deux bouts se nouaient, et dans ce nœud on passait l'épée, qui allait obliquement du milieu du corps, où se trouvait sa poignée, vers la jambe gauche et en dehors de la ligne du corps.

Un changement plus considérable, et j'ajoute plus fâcheux, eut lieu dans la coiffure sous Philippe-Auguste : la calotte fut remplacée par le *heaume*. C'était un cylindre creux, légèrement cambré, dans lequel on enfonçait la tête fort aisément, car il était large au point de couvrir une partie des épaules. Quatre lames de fer, en croix, plaquées sur le devant, décoraient cette espèce de pot, sans le rendre ni plus léger, ni moins ridicule : au-dessus de la barre transversale il y avait des ouvertures pour voir, qu'on appelait des *vues*, et au-dessous des trous en rond pour la respiration. Cet incommode et lourde machine se portait le moins possible, comme on peut penser. Les chevaliers ne la mettaient qu'au moment de la bataille ; le reste du temps, elle pendait par une chaînette à l'arçon de leur selle, où elle devait figurer assez bien une marmite de voyage. C'est avec cela sur la tête que saint Louis perdit la bataille de Mansourah.

L'usage du heaume, adopté sous Philippe-Auguste, se prolongea jusqu'au règne de Philippe le Bel. Notre gravure, qui reproduit un vitrail de la cathédrale de Chartres, représente saint Louis coiffé du heaume. En examinant cette gravure, on remarquera qu'une longue tunique, sans

Fig. 22. — Saint Louis, d'après un vitrail de la cathédrale de Chartres.

manches, ouverte par devant et flottante, couvre le haubert, dont les bras seuls sont apparents. Cette manière de s'habiller était devenue générale depuis peu. Ce qu'on ne peut pas voir, c'est le vêtement rembourré que le saint roi portait, sans doute

comme tout le monde, par-dessous le haubert. Avec
ce matelas sur l'estomac, avec cette robe de mailles,
presque aussi longue qu'une soutane, et cette troisième tunique extérieure dont je viens de parler,
avec ce heaume écrasant, on pense comme le chevalier devait être à l'aise sous le soleil de Syrie, ou
même simplement sous celui de France, et comme,
une fois descendu ou tombé de cheval, il devait faire
un triste piéton.

Peu après pourtant on trouva le moyen de s'a-
lourdir et de s'empêcher encore plus. Dès Philippe
le Bel, on commença de mettre au coude et sur l'os
du genou, par-dessus le haubert, des demi-boîtes
en fer, d'une forme ronde ou ovale, qui s'attachaient
sur l'articulation par le moyen de courroies et de
boucles. Ce furent les *coudières* et les *genouillères*.
Bientôt on y ajouta (toujours par-dessus le haubert)
des plaques de fer qui garantirent les bras (*garde-
bras*), puis d'autres plaques qui couvrirent les cuisses (*trumelières* ou *grevières*). Garde-bras ou tru-
melière, c'est toujours le même système et la même
disposition aisée à comprendre. Deux pièces de fer,
plus ou moins courbées, sont réunies d'un côté par
des charnières, et de l'autre restent libres, et,
comme les deux parties d'une boîte, s'écartent ou se
rapprochent pour renfermer le membre, bras ou
cuisse; des courroies et des boucles servent à les
fermer solidement. La couture des deux pièces opé-

réé par les charnières est ordinairement placée à l'extérieur ; les boucles et les courroies sont sur la face intérieure des membres.

Le vêtement rembourré, puis le haubert par-dessus, et puis, par-dessus encore, les pièces de fer dont nous venons de parler, cela composait une armure si lourde que, quand le cavalier était tombé, il lui était à peu près impossible de se relever. Il restait gisant sur le sol, à la merci du moindre goujat armé d'un couteau, ou bien les chevaux le foulaient sous leurs pieds, aussi inoffensif, aussi incapable de se défendre qu'une tortue retournée.

Une révolution dans l'armement était imminente; il était aisé de prévoir dans quel sens elle aurait lieu. Ce qu'on avait fait récemment présageait clairement ce qu'on allait faire. Avant d'exposer cette révolution, il faut ajouter quelques détails pour qu'on ait une idée complète du costume militaire des douzième et treizième siècles.

Il semble que les chevaliers eussent dû se trouver assez à l'abri des coups derrière leur carapace de fer. Il n'en était rien pourtant; ils continuaient de porter un bouclier ; il est vrai que ce bouclier, plat par le haut et pointu par le bas, était assez petit. Suspendu à l'épaule droite par une courroie transversale, il portait sur la hanche gauche du guerrier quand celui-ci était à pied, et dans cette position il allait à peine de la ceinture aux genoux.

Il recouvrait, par conséquent, toute la partie supérieure de l'épée. D'autres fois, il apparaît suspendu au milieu du ceinturon par une agrafe ou
par une courroie très-courte, en sorte qu'il couvre
le ventre. On a peine à croire
qu'un homme pût marcher
aisément avec ce poids battant
sur les cuisses. A cheval, l'écu,
c'est ainsi que s'appelle le bouclier de cette époque, se portait
autrement : le guerrier le chargeait sur son épaule, ou l'atta-
chait à l'arçon de la selle. Enfin,
quand il se préparait à charger,
il passait autour de son cou la
courroie du bouclier qui, pendant sur la poitrine, la proté-

Fig. 23. — Chevalier
(treizième siècle).

geait, sans qu'on eût besoin de
le soutenir de la main gauche.

Il y avait aussi diverses positions pour l'épée.
Les chevaliers à pied la portent sur le flanc gauche,
ou, comme je l'ai déjà dit, en travers, du milieu de
la ceinture au genou gauche ; à cheval ils la portent
sur le flanc ou plutôt sur la cuisse gauche.

Le cylindre dont on s'était couvert la tête, de
Philippe-Auguste à saint Louis, devint, sous Philippe
le Bel, un cône, une espèce de pain de sucre ; à part
cela, qui ne le rendait pas plus beau, il resta aussi

incommode, aussi pesant; du reste, on lui continua
le nom de heaume. Dans les monuments du temps,
ce heaume apparaît parfois comme un pot coupé
aux deux tiers de sa hauteur.

Vers la même époque les chaussons de mailles montrent une tendance à s'allonger en pointe. On
sent que la mode des souliers à la
poulaine va venir ou plutôt revenir.

Fig. 24. — Haume
sous Philippe le Bel.

Voyons maintenant quelles armes offensives cor-
respondaient à cet équipement défensif et avec quoi
on attaquait le vêtement de mailles, renforcé des
pièces que nous avons décrites. C'était d'abord la
lance. Elle avait un fer large et long, à peu près
pareil à celui de la lance des Franks, un manche de
longueur variable, fort et sensiblement égal. On ne
la jetait plus comme une javeline, ainsi que cela se
voit sur la tapisserie de Bayeux. Tous les chevaliers, sans distinction, eurent d'abord le droit d'at-
tacher à la base du fer un pennon ou gonfanon,
espèce de flamme qui voltigeait au vent; mais bientôt ce fut un privilége réservé au chevalier riche
ou puissant qui était venu à la guerre avec un cor-
tége de paysans. Celui-là prit exclusivement le titre
de chevalier banneret, mot formé de bannière.

L'épée garda jusqu'au quatorzième siècle la forme
qu'elle a sur la tapisserie de Bayeux, c'est-à-dire

qu'elle continua d'être formée d'une poignée avec des quillons droits figurant une croix, et d'une lame large progressivement rétrécie en allant vers la pointe, divisée en deux tranchants par une légère arête médiane. Ajoutez à la lame et à l'épée la masse d'armes ou le marteau d'armes. Je n'ai pas besoin de décrire cette arme, le lecteur n'a qu'à regarder p. 139, n° 5, et p. 233, n°s 1, 6 et 7.

Tout ce qui précède s'applique exclusivement au chevalier. Quant au piéton, ou soldat roturier, il est difficile de savoir précisément comment il était armé ; il ne figure pas dans l'imagerie du moyen âge, du moins dans celle des siècles dont nous venons de nous occuper. On peut supposer, sans risquer beaucoup, qu'en fait de défense ces piétons portaient des vêtements rembourrés, et qu'en fait d'armes offensives, la plus commune parmi eux était la fronde, et la plus dangereuse, l'arc français de grandeur moyenne ou l'arc turquois plus petit, fait de cornes de chèvre assemblées, que nos guerriers avaient rapporté d'Orient, après la première croisade. Ils se servaient de l'arbalète, qui n'était pas alors l'arme puissante qu'elle devint plus tard.

Quand les barons d'Occident allèrent en Syrie, à la suite de Richard Cœur de Lion, et en Égypte sous Louis IX, ils se trouvèrent en face d'adversaires dont l'équipement différait du leur ; il est intéressant de savoir en quoi. Les chefs sarrasins avaient comme les nôtres des armures, mais plus solides et plus résistantes, et en même temps plus légères. C'étaient de simples chemises de mailles, sans pièces superposées, mais d'une confection bien supérieure à celle des mailles d'Europe. Ces chemises étaient finement dorées, du moins celles des chefs. Au lieu de notre heaume ridicule, ils portaient une calotte de fer ronde ou pointue, garnie d'un nasal qui, perçant le bord de la calotte, se prolongeait en haut et s'épanouissait en creux pour recevoir un plumet. Les casques aussi étaient dorés ou damasquinés en or, avec plus d'art et de goût qu'on n'en trouvait alors parmi les nations occidentales (voy. les armes de luxe orientales, p. 216, n. 2 et 3). Leur bouclier était petit, rond, très-convexe, avec un umbo saillant en pointe. Pour armes offensives ils avaient l'épée ou le sabre, et la lance, du moins après les premières croisades. Mais il semble qu'ils usaient moins de celle-ci que de l'épée ou du sabre. Dans le reste de l'armée, l'arme la plus commune, et qui jouait le premier rôle, était le petit arc dont je parlais tout à l'heure.

Les chevaliers d'Occident, rembourrés, maillés et plaqués, cloués sur la selle par le poids de leur heaume et de leur double ou triple carapace, armés d'une longue et forte lance, montés sur d'énormes chevaux de Normandie ou d'Allemagne, avaient, quoique rangés en haie (c'est-à-dire sur un seul rang), quand ils arrivaient sur l'ennemi en ligne droite, un poids, une poussée irrésistibles. Les Sarrasins, dans presque toutes les batailles, furent d'abord rompus ; mais bientôt ils reprenaient leurs avantages : plus légers, plus alertes, ils se ruaient sur les flancs de la bataille massive des Franks, tourbillonnaient autour ; repoussés, ils revenaient sans cesse, ils abattaient les lances à coups de sabre, et tandis que le chevalier réduit à l'épée tendait sa pointe vers l'ennemi, d'un mouvement assez embarrassé, celui-ci cherchait, trouvait le point faible où il enfonçait dextrement sa lame.

En outre, le moindre obstacle suffisait pour arrêter l'élan de cette cavalerie empesée, et permettait aux Sarrasins de la cribler de flèches ou de feu grégeois. Le feu grégeois, c'était la terreur de ces braves. « Toutes les fois, dit Joinville, que le bon roi voyait qu'ils jetaient ainsi le feu (il produisait dans l'air un bruissement extraordinaire), il se jetait à terre et tendait les mains, la face levée au ciel, et disait en grandes larmes : Beau Sire Dieu Jésus, gardez-moi et ma gent. »

A présent ces armures, sur lesquelles je me suis peut-être trop étendu, fournissaient-elles du moins une défense complète ? — Le haubert résistait, assez généralement, aux coups de tranchant et de pointe donnés avec un sabre, une épée ou une flèche ; il se laissait plus souvent rompre par un coup de lance; mais même quand la maille tenait bon, l'homme ne s'en trouvait pas toujours plus à l'aise. Il avait, il est vrai, l'avantage de ne pas recevoir la pointe dans le corps, mais c'étaient ses propres mailles qui lui entraient dans la chair, et fort avant quelquefois. C'est justement pour obvier à cet inconvénient, qu'on portait la *camisia*, la chemise rembourrée, sous la chemise de fer. Le haubert avait encore moins d'efficacité contre la *masse d'armes*.

Il est vrai que la masse était destinée surtout à frapper la tête ; elle avait particulièrement affaire au heaume. Celui-ci ne se comportait pas avec la solidité qu'on eût pu attendre de sa tournure massive ; il se laissait enfoncer souvent. En tous cas, s'il empêchait son propriétaire d'avoir la tête fendue, il ne l'empêchait pas d'être momentanément abasourdi. Tout le monde comprend qu'une lourde masse d'armes tombant sur ce pot de fer devait ébranler le cerveau qui était dessous, jusqu'à lui faire perdre le sentiment, et, avec le sentiment, ce qui était plus essentiel, l'équilibre. L'homme, de plus, avait souvent les clavicules brisées par le contre-coup, car le heaume portait dessus, comme je l'ai dit. Les gens de pied, les vilains, alors faisaient leur office sur ce corps inerte étendu par terre. Ils se mettaient en quête de l'endroit où ils pourraient le percer de leur couteau ou de leur épée. Parfois ils ne le trouvaient pas, comme ce Comnote dont parle Rigord, à la bataille de Bouvines. Dans un embarras pareil, que faisait-on? On recourait aux masses d'armes, aux bâtons, on assommait, ce qui demande toujours des coups réitérés. Le chevalier avait donc la chance que l'ennemi, assailli d'autre part, n'eût pas le temps de l'achever.

Rigord, que j'ai cité tout à l'heure, et les autres historiens du temps, sont unanimes à vanter l'invention encore récente de ces armures impénétrables. Il n'y a qu'un moyen sûr, disent-ils, de tuer le chevalier, c'est de tuer d'abord le cheval, puis, le chevalier une fois par terre, on a assez de facilité ; il ne se relève guère tout seul. C'est pourquoi, ajoutent-ils, « il périt aujourd'hui bien moins de monde qu'autrefois dans les batailles. » C'était un progrès assurément, mais n'est-il pas singulier que ce progrès, ces soins compliqués pour défendre son épiderme, soient juste des temps dits chevaleresques, et qu'on continue pourtant d'entendre par ce mot de chevaleresque le courage le plus entier, le plus dédaigneux de la vie?

Pour moi, le petit fantassin moderne, qui, vêtu d'une simple tunique de drap, se tient immobile en face des canons rayés, des carabines rayées, me semble plus près de l'idéal militaire et de tout ce qu'on est convenu d'entendre par le terme de chevalerie, que l'énorme baron ferré et blindé. Du temps de celui-ci on avait le mot, j'en conviens, mais quant à la chose, il y aurait bien à dire.

VIII

SUITE DU MOYEN AGE

Sous Philippe VI de Valois, l'abominable guerre de Cent Ans commence entre la France et l'Angleterre. Les *grandes compagnies* font leur entrée sur la scène de l'histoire ; les grandes compagnies, c'est à-dire les armées de soldats mercenaires qui, faisant profession de l'état militaire, n'ont de parti que la paye et le pillage, tantôt Anglais, tantôt Français, selon les hasards du louage, et, dans les intervalles de trêve, continuent de faire pour leur compte personnel la guerre la plus atroce aux paysans et aux bourgeois.

Ces bandes, composées de cavalerie et d'infanterie, de compagnies de gens d'armes et de compagnies de gens de trait, étaient un pêle-mêle de toutes les classes. Des hommes très-nobles y chevauchaient côte à côte avec des paysans, des échappés du servage. Égaux par les appétits, par les mœurs et par

la tournure militaire,, on peut croire que l'éducation ne mettait pas entre eux de grandes différences.

Ce fut à ces brigands qu'échut l'honneur de faire
la révolution dont j'ai parlé, révolution que les honnêtes compagnons du roi Louis IX avaient rendue
nécessaire.

Le costume civil venait de subir un changement
radical. La double robe longue (*cotte* et *surcot*)
que l'on portait depuis Philippe-Auguste, avait fait
place au *pourpoint*, espèce de paletot à taille, bou-
tonné du haut en bas sur le devant, sans collet,
garni de demi-manches, rembourré, bombant
sur la poitrine. Sous ce pourpoint, comme on le
voit très-bien dans les monuments du temps, on
avait encore la cotte, mais c'était à présent une
blouse étroite et courte relativement à l'ancienne,
quoiqu'elle dépassât le pourpoint par le bas ,
ainsi qu'aux manches. En place de la cotte, les
gens d'armes, qui adoptèrent le pourpoint, se mi-
rent à porter en campagne une chemise de fines
mailles, précisément des mêmes dimensions que la
cotte, dépassant un peu le pourpoint comme elle,
mais plus apparente qu'elle aux bras, car le pourpoint militaire n'eut pas du tout de manches. Cette
armure s'appela le *haubergeon*. En peu de temps les
soldats des compagnies imposèrent la nouvelle mode
aux véritables chevaliers, et le haubert fut définitivement abandonné pour le haubergeon.

·Nous avons vu que les coudières, les genouillères, les garde-bras, les trumelières étaient déjà
en usage depuis quelque temps. On les conserva.
On fit en outre pour l'avant-bras et pour la jambe
ce qu'on avait fait pour le bras et pour la cuisse :
on les enferma dans des boîtes de fer à charnières.
Ces deux pièces nouvelles s'appelèrent *avant-bras*
et *grevières*.

Le garde-bras fut modifié à ses deux extrémités,
vers l'épaule et vers la saignée. Il se termina de
chaque côté par trois ou quatre lames circulaires,
à recouvrement, qui laissaient plus de liberté aux
membres. Pareil changement fut fait aux trumelières. Sur l'épaule, sur l'intervalle entre le garde-
bras et l'avant-bras où apparaissait la maille, sur
celui qu'il y avait entre les trumelières et les grevières au jarret, on mit des espèces de petits boucliers, des pièces affectant plus ou moins la forme
d'un disque convexe.

Le pied fut couvert, non de mailles, mais de
lames articulées. Cette chaussure, suivant la mode
civile, se termina en pointes ridiculement longues.

La plus heureuse innovation fut encore l'aboli-
tion du heaume. On le remplaça par le *bassinet* :
c'est une calotte pointue, qui rappelle le casque des
Normands, mais qui est moins allongé. Seulement
de la calotte, sans visière ni gouttière, il y avait
jusqu'au col trop de place découverte, au goût des

guerriers de cette époque ; un capuchon de mailles fut chargé de couvrir l'intervalle. Le capuchon, qu'on appela le camail, montait des épaules, qu'il protégeait entièrement, jusque sous le bassinet ; il encadrait la figure, mais ne la protégeait pas. On compléta la défense en ajoutant au bassinet une pièce, à laquelle on donna le nom de *mesail* ou *mursail* ou museau, et qui se profilait, en effet, comme le museau d'une bête, comme un groin. Cette pièce, percée d'une vue,

Fig. 25. — Mesail ou Mursail.

et plus bas de trous pour la respiration, n'était pas rivée ; on l'ôtait, on la mettait à volonté, c'est-à-dire qu'on ne la mettait qu'au moment du combat.

Les gens d'armes gardèrent les armes offensives de la chevalerie, avec quelques modifications. La lance, unie jusque-là d'un bout à l'autre du manche, reçut vers son extrémité une rondelle que le manche traversait comme l'essieu traverse le moyeu de la roue. Cette rondelle avait pour utilité de retenir la main qui glissait le long du manche, quand la pointe de la lame frappait un corps dur. Elle permettait d'appuyer le coup.

L'épée qu'on adopte alors diffère beaucoup de l'épée du dixième siècle. Ce n'est plus le glaive large, assez court, à deux tranchants, qui servait pour la taille et pour l'estoc, propre à deux fins, et par cela même remplissant médiocrement chacune d'elles : c'est la *rapière*, épée longue et effilée, propre seulement à l'estoc, mais excellente du moins pour cela. La masse d'armes, le marteau d'armes aussi deviennent d'un usage plus général.

La démocratie, c'est-à-dire l'infanterie, commence en ce temps-là à sortir de sa nullité ; elle prend sur les champs de bataille une importance qui ne cessera plus de croître. Ce sont les piétons, les archers anglais, qui les premiers démontrèrent sa puissance, et d'une façon cruelle pour nous autres Français. A Crécy, ils nous donnèrent une première leçon fort rude.

Nous avions cependant nous-mêmes ce jour-là une infanterie qui eût pu décider la victoire. C'était un corps d'arbalétriers génois à notre solde, qu'on opposa d'abord aux archers anglais. Malheureusement les arbalétriers avaient eu la corde de leurs arbalètes mouillée par une pluie d'orage, dont leurs adversaires les archers avaient su garantir leurs arcs ; leurs traits ne portaient pas. Ils voulurent, avec raison, battre en retraite ; le roi Philippe, qui se trouvait derrière eux avec sa chevalerie, ne le permit pas. « Allons, dit-il dans son indignation de parfait chevalier, qu'on me tue cette ribaudaille qui encombre la voie sans raison ; » et

il se lança avec sa troupe vers les Anglais, en passant sur le corps des Génois.

Ce n'était pas la première fois que pareille chose
arrivait, et que les chevaliers commençaient la bataille par écraser leurs suivants : le mépris de
l'homme de cheval pour l'autre, le pauvre piéton,
n'avait pas de bornes. Au reste, on se demande pourquoi les nobles emmenaient avec eux à la guerre
ces paysans, ces serfs si dédaignés et réellement si
inutiles sur le champ de bataille. Armés comme ils
l'étaient, il ne fallait pas songer qu'ils soutinssent
un instant le choc de la chevalerie, et cependant il
est remarquable qu'on entame toujours les batailles
en faisant avancer d'abord les fantassins. La cavalerie ennemie leur passe sur le corps naturellement, puis arrive à ce qui est l'essentiel, à la cavalerie opposée. On dirait réellement qu'on jetait les
fantassins entre soi et l'ennemi uniquement afin
que celui-ci perdît à les abîmer son premier feu,
son premier élan ; mais, comme on le voit, quand
la déconfiture attendue et prévue de ces pauvres
diables tardait trop à l'impatience des vaillants
chevaliers, ils prenaient sur eux de l'achever et de
joindre l'ennemi à travers ou par-dessus la masse
de leurs compatriotes.

Mais à Crécy les Génois ne se laissèrent pas écraser bénévolement, ils résistèrent. Il s'ensuivit un
emmêlement où la plupart des chevaliers restèrent

longtemps empêtrés, sous les flèches des archers anglais, qui tiraient à coup sûr. Quand la cavalerie française eut fini d'écraser ses auxiliaires, elle était déjà bien réduite : elle fondit néanmoins sur les archers anglais, les rompit, non sans éprouver des pertes considérables. Quand elle arriva sur les chevaliers anglais, ceux-ci la repoussèrent : c'était inévitable ; en se retirant elle essuya de nouveau les terribles décharges des archers. En somme, la journée appartint à ces derniers, qui, sans le vouloir précisément, vengèrent bien les archers génois.

Mais il se passa quelque chose de plus propre encore à réhabiliter, au point de vue militaire, l'homme de pied. La chevalerie du prince de Galles, donnant un exemple tout nouveau, qui allait être suivi pendant deux siècles, se fit infanterie dans cette bataille. Elle descendit de cheval, et ce fut à pied, la lance appuyée en terre, qu'elle reçut le choc des gens d'armes français. Le plein succès de cette tactique engagea les Français à l'imiter à la journée de Poitiers. Malheureusement ils l'appliquèrent tout de travers. Couverts de leurs armures, encore assez lourdes, ils voulurent monter vers les Anglais massés sur une colline, à pied et par un étroit sentier ; on ne pouvait passer que par là, il est vrai. Les archers anglais, qui bordaient le sentier, derrière des buissons, n'eurent pas de peine à les défaire. Ils reculèrent en si grand désordre, que la

journée parut perdue tout d'abord : deux des batailles françaises, sur trois, tournèrent le dos, sans
presque avoir fait qu'apercevoir l'ennemi. La troisième, commandée par le roi Jean, sous les efforts
combinés des archers et des chevaliers anglais, re-
montés à cheval pour la charger, fut presque entièrement massacrée ou prise.

A Cocherel, à Auray, quelque temps après, nouvelle application des mêmes principes. Les gens
d'armes descendent de cheval, on se charge à pied,
et afin de pouvoir manier la lance dans ces conditions nouvelles, on la raccourcit avant la bataille ;
on la taille à la longueur de 5 pieds (en temps ordinaire on la portait de 12 pieds). A Auray, les archers anglais montrèrent qu'ils étaient bons à autre
chose qu'à frapper de loin. Mêlés aux gens d'armes
de leur parti, ils se battirent main à main, comme
on disait alors, avec leurs épées et leurs coutelas,
contre les lances des gens d'armes et des chevaliers
du parti contraire.

Il faut dire pourquoi le fantassin anglais avait sur
le nôtre, à ce moment-là, outre la supériorité de
son arme, une supériorité réelle comme courage,
comme énergie ; c'est qu'au rebours du nôtre, il
était traité par le guerrier noble, par le chevalier
de sa nation, avec beaucoup d'égards. On avait confiance en lui, en sa valeur comme homme de
guerre, et on le lui montrait à chaque occasion. Il y

avait toujours quelques barons, et des plus renommés, pour se mêler aux archers et combattre dans leurs rangs.

Les Français, naturellement, voulurent avoir aussi leurs archers, ils en eurent bientôt d'aussi bons, sinon de meilleurs que les Anglais, selon l'opinion d'un historien un peu postérieur, Juvénal des Ursins. « En peu de temps, dit-il, les archers de France furent tellement duits à l'arc qu'ils surmontaient à bien tirer les Anglais, et en effet, si ensemble *se fussent mis*, ils eussent été plus puissants que les princes et les nobles, et pour ce fut enjoint par le roi qu'on cessât. »

Voyons maintenant quel était l'équipement de ces archers dont les succès frappèrent si vivement l'imagination populaire, ainsi qu'on en peut juger par ce passage de Juvénal, et troublèrent les puissants du monde, comme la menace et le pressentiment d'une révolution lointaine. Parlons d'abord de leur arc, comme il convient, puisque c'est à lui qu'ils durent leur réputation.

Parmi les Anglais, c'était exclusivement le grand arc, de 5 pieds de long, en bois d'if, qui lançait à 220 mètres au moins une flèche à fer barbelé et très-effilé. Le bois des flèches était garni par le bas de plumes ou de lanières de cuir; on les portait, non dans un carquois, comme l'Apollon ou la Diane antique, mais dans une trousse pendue à la cein-

9

ture. Au moment de combattre, l'archer vidait sa trousse et mettait les flèches sous son pied gauche, le fer tourné en dehors ; il n'avait qu'à se baisser pour les prendre. « Un bon archer anglais, dit le prince Louis-Napoléon (*Passé et avenir de l'artillerie*), qui, dans une minute, ne tirait pas douze coups et qui, sur ce nombre, manquait un homme à 219 mètres, était méprisé. » Il est douteux qu'à cette distance la flèche eût la force de percer le surcot et la cotte de mailles, mais elle tuait les chevaux, qui n'avaient pas encore d'armure, et voilà justement ce qui causa le changement de tactique dont j'ai parlé.

Ç'a été à toutes les époques une affaire importante pour l'infanterie que de résister au choc de la cavalerie ; en certains temps, comme au douzième siècle par exemple, cela passait pour un problème insoluble ; en d'autres, comme dans l'antiquité, on jugeait cela très-faisable, sinon facile. On ne voit pas, dans Homère, que les chars qui tenaient lieu de cavalerie proprement dite, aient été bien redoutables aux fantassins. Il semble qu'ils ne servent qu'à porter plus rapidement les héros çà et là sur le champ de bataille. Nulle part on ne trouve quelque chose qui ressemble de leur part à une charge contre l'infanterie ; les héros en descendent volontiers pour combattre à pied, ce qu'ils n'auraient pas fait, à coup sûr, si le char avait offert les avantages qu'on de-

vait tirer plus tard du cheval. La phalange grecque
ne redoutait pas beaucoup la cavalerie, et cela s'explique aisément. Il eût fallu, pour entamer sa masse
compacte, hérissée de piques, des chevaux plus
forts, mieux dressés, surtout conduits à la charge
avec plus d'ensemble, des escadrons plus nombreux
qu'on ne pouvait, qu'on ne savait en faire alors. La
légion romaine, non plus, ne s'embarrassait que
médiocrement de la cavalerie. On a noté cependant
les dispositions que prit Scipion à la bataille de
Zama contre la cavalerie numide, plus redoutable
que les autres. Il rangea ses troupes en laissant de
plus grands intervalles qu'à l'ordinaire entre les
manipules dont les légions étaient composées. Scipion savait que les chevaux, quand ils rencontrent
des hommes en ligne, et surtout quand ils sentent
la pointe des armes, ne demandent qu'à glisser le
long de l'obstacle et à s'esquiver par les côtés, et
qu'à cause de cela il faut leur offrir un obstacle
aussi peu étendu que possible. Les dispositions de
cet illustre général eurent tout le succès qu'il en
attendait. Au reste, la légion qui combattait, divisée
en petites compagnies, en manipules, présentait,
même dans son ordre ordinaire, par la raison que
nous venons de dire, d'excellentes conditions pour
résister à la cavalerie. Au moyen âge, soit que le
fantassin fût très-inférieur (comme il l'était en effet),
soit que l'art de conduire les chevaux eût fait des

progrès, ce qui est probable, soit pour d'autres causes encore, pendant longtemps il parut impossible qu'aucune infanterie arrêtât la gendarmerie occidentale. La renaissance de l'art militaire commença précisément du jour où l'on revint de ce préjugé.

On arrête la cavalerie par deux moyens ordinairement combinés : en lui présentant des lignes inébranlables garnies de piques ou de baïonnettes et en lui tuant, avec des traits quelconques, flèches ou balles, tandis qu'elle arrive, assez de chevaux pour mettre le désordre et la confusion dans ses rangs.

Toutes les fois qu'un perfectionnement se produit dans les armes de trait, la cavalerie perd de son importance, au moins momentanément et jusqu'à ce qu'on ait trouvé un moyen de parer aux effets du trait. C'est ce qui advint au temps dont nous parlons. A Crécy, les flèches anglaises tuant bon nombre de chevaux, en blessant d'autres qui s'emportaient, s'effrayaient, l'unité, l'élan de la cavalerie furent rompus. Elle n'arrivait plus sur l'ennemi que disséminée, dissoute, pour ainsi dire, et amortie. Des piétons serrés en bon ordre avaient alors l'avantage sur elle ; c'est ce qui, une fois compris, amena les gens d'armes à se mettre à pied derrière des archers, chargés d'éclaircir et de briser les rangs de la cavalerie.

La flèche suscita une autre innovation moins im-

portante : ce fut celle du *pavas, palevas, pavois,*
grand bouclier qui couvrait presque entièrement le
soldat. Le chevalier faisait porter ce pavois devant
lui par un page ou un valet, non-seulement en marche, mais en bataille, et surtout dans les siéges. Le
pavois, carré et convexe, était si grand qu'il suffisait à abriter le valet et le maître ; celui-ci, d'ailleurs, continuait de porter en outre l'écu. Il est
curieux d'énumérer à ce propos les défenses qu'il
interposait entre lui et l'ennemi : 1° le haubergeon ;
2° le pourpoint rembourré, et, sur les membres, les
pièces de fer ; 3° l'écu sur la poitrine ; 4° le pavois.
On forma de part et d'autre des troupes de paves-
chiers ou pavescheurs ; sans doute on les opposait,
autant que possible, aux archers du parti contraire.
Voilà ce qui fut fait en vue de la terrible flèche.

Revenons à l'équipement du piéton. Quand il n'a-
vait pas l'arc, il portait l'arbalète. On sait ce qu'est
cette arme, dans sa forme élémentaire : un petit
arc ajusté sur un fût qu'on appelle *arbrier.* L'arbalète eut un moment durant le douzième siècle,
comme l'arc au quatorzième, le renom d'une arme
redoutable par-dessus toutes les autres. Elle était
alors dans sa nouveauté probablement. Elle ne figure pas en effet dans la tapisserie de Bayeux, ni
dans aucun autre monument du onzième siècle ;
puis, meilleure preuve, l'usage en fut défendu
entre chrétiens, comme étant trop meurtrier, par

le second concile de Latran, en 1139 ; or on ne s'a-
vise jamais de défendre que les choses nouvelles ou
renouvelées. Si je n'en ai pas parlé à propos de
l'armement des douzième et treizième siècles, c'est
qu'en dépit de sa réputation l'arbalète ne fut employée que fort peu, et qu'elle ne joua, même dans
les croisades, où elle était permise, qu'un rôle assez
insignifiant. Nous allons comprendre pourquoi tout
à l'heure. Au quatorzième siècle elle est beaucoup
plus usitée. Nous avons vu, par exemple, qu'il y
avait parmi les Français à Crécy un corps de
6.000 arbalétriers génois.

L'arbalète, simplement composée d'un arc et
d'un arbrier, a déjà plus de précision que l'arc ;
mais elle est aussi plus incommode, plus lourde à
porter. On la met difficilement à l'abri de la pluie,
qui la détend et la rend inoffensive ; enfin elle a
moins de portée que l'arc. Si on veut qu'elle égale
celui-ci sous ce rapport, il faut renforcer son arc
à elle ; mais alors un mécanisme quelconque, pour
bander la corde, devient nécessaire ; cela ajoute à
l'incommodité, au poids de l'arme, et surtout cela
rend le tir très-lent. A la fin du siècle où nous
sommes, on ne se sert plus que d'arbalètes tendues
par le moyen de mécanismes, arbalètes à pied de
biche, à cric ou à tour.

Disons quelques mots de ces différents mécanismes.

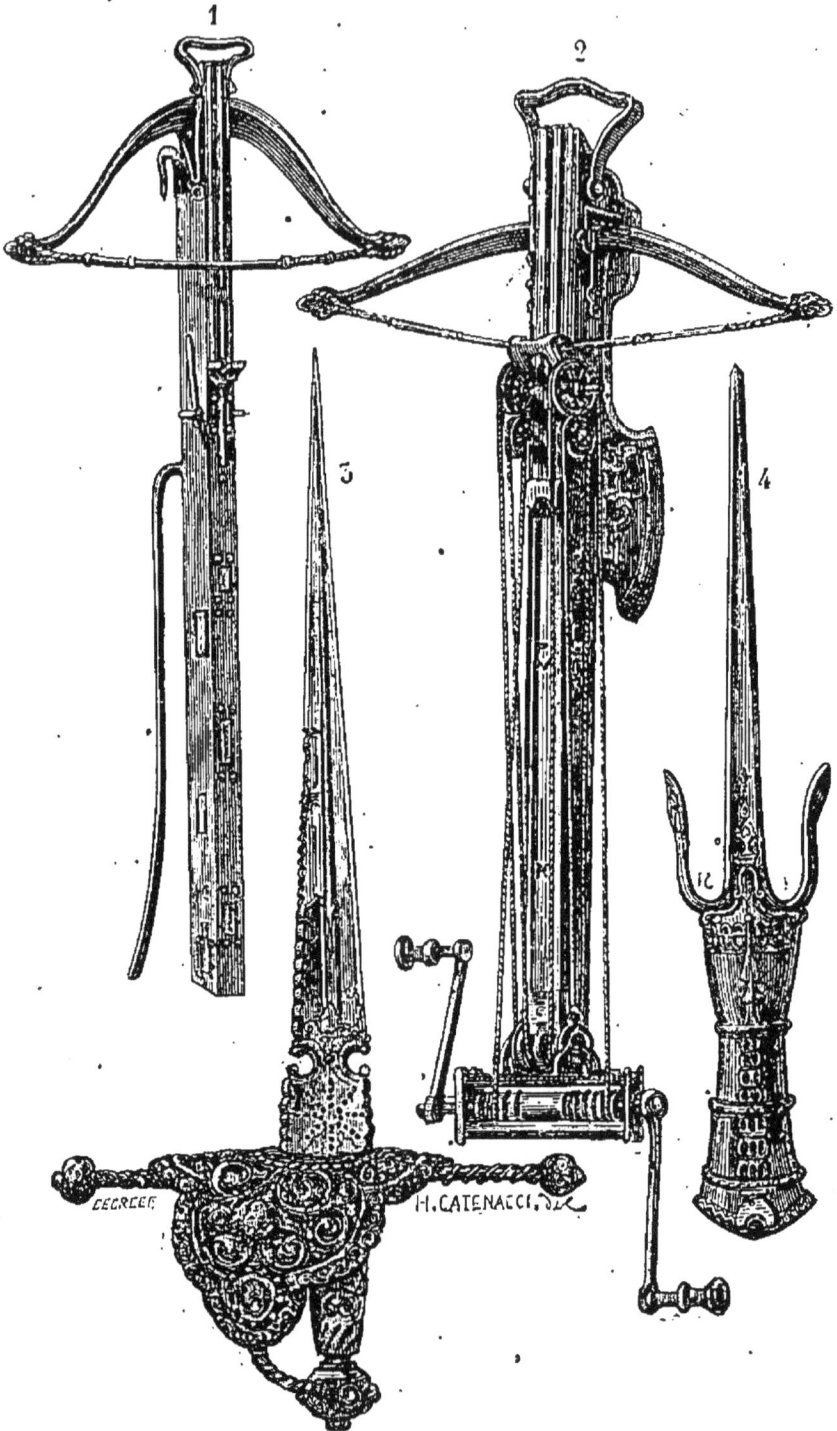

Fig. 26. — 1. Arbalète simple tendue avec le pied gauche et la main
droite. — 2. Arbalète à tour. — 3. Dague (voy. p. 221). — 4. Trident
mauresque (voy. p. 227).

Arbalète à pied de chèvre ou à pied de biche. —
L'appareil qui sert à la tendre est un levier composé de deux pièces articulées. La petite pièce ou
le petit bras du levier se divise en deux branches,
dont chacune porte une fourche. Avec une de ces
branches, on saisit la corde de l'arc qu'il s'agit de
ramener en arrière. L'autre branche s'appuie par
sa fourche, très-longue, sur des tourillons placés
des deux côtés de l'arbrier. On saisit. la grande
pièce, ou le grand bras du levier, et on le ramène
en arrière. La petite fourche et la corde qu'elle
tient suivent ce mouvement ; la corde rencontre un
cran, dans lequel elle s'engage et reste fixée, et
voilà l'arc tendu.

Arbalète à cric. — Une grosse corde maintient
sur l'arbrier un pignon, c'est-à-dire une roue den-
tée, enfermée dans une boîte de fer de forme ronde ;
cette roue s'engrène dans une crémaillère droite
portant un crochet à son extrémité. Avec une manivelle, on fait tourner la roue, elle pousse la crémaillère en avant, jusqu'à ce qu'on puisse engager
avec la main la corde de l'arc dans le crochet de
la crémaillère ; en tournant la manivelle en sens
inverse, on retire à soi la crémaillère avec la corde.
(Voy. p. 139, n° 2.)

Arbalète à tour ou arbalète de passot. — L'arbrier
porte à son extrémité un étrier de fer dans lequel
on met le pied pour bander l'arc avec plus de force.

Dans l'extrémité opposée, on engageait la chape d'une moufle, c'est-à-dire d'un système de poulies sur lesquelles s'enroulent des cordes. Une manivelle sert à enrouler sur les poulies ces cordes qui, portant à leur bout un crochet, dont le nerf de l'arc est saisi, tendent l'arc par cela même. Quand on avait tendu l'arc, que son nerf avait été amené sur la noix, on accrochait la moufle à sa ceinture, et on plaçait le trait. (Voy. p. 135, n° 2.)

L'épée du piéton différait de celle du chevalier, en ce qu'elle avait la lame beaucoup plus étroite. Avec l'épée, quand il n'était armé ni de l'arc ni de l'arbalète, il portait une pique, arme que je n'ai pas besoin de décrire, ou un *vouge*, gros bâton avec une longue et robuste pointe à l'extrémité, une espèce d'épieu, ou la *guisarme* (voy. p. 233, n°s 12 et 13), une lance avec une petite hache ajustée au bas du fer de lance. Cette arme, qui fut momentanément abandonnée au quatorzième siècle, devait être reprise au seizième avec d'autres noms [1]; mais alors, comme au quatorzième siècle, c'est toujours une hache et une lame : seulement au seizième siècle, l'une et l'autre de ces pièces, découpées, déchiquetées de la manière la plus variée, présentent à l'œil les formes les plus diverses et les plus bizarres. Au moment où nous en sommes, la gui-

---

[1] Hallebarde, pertuisane, guisarme, c'est à peu près la même chose. (Voy. p. 232.)

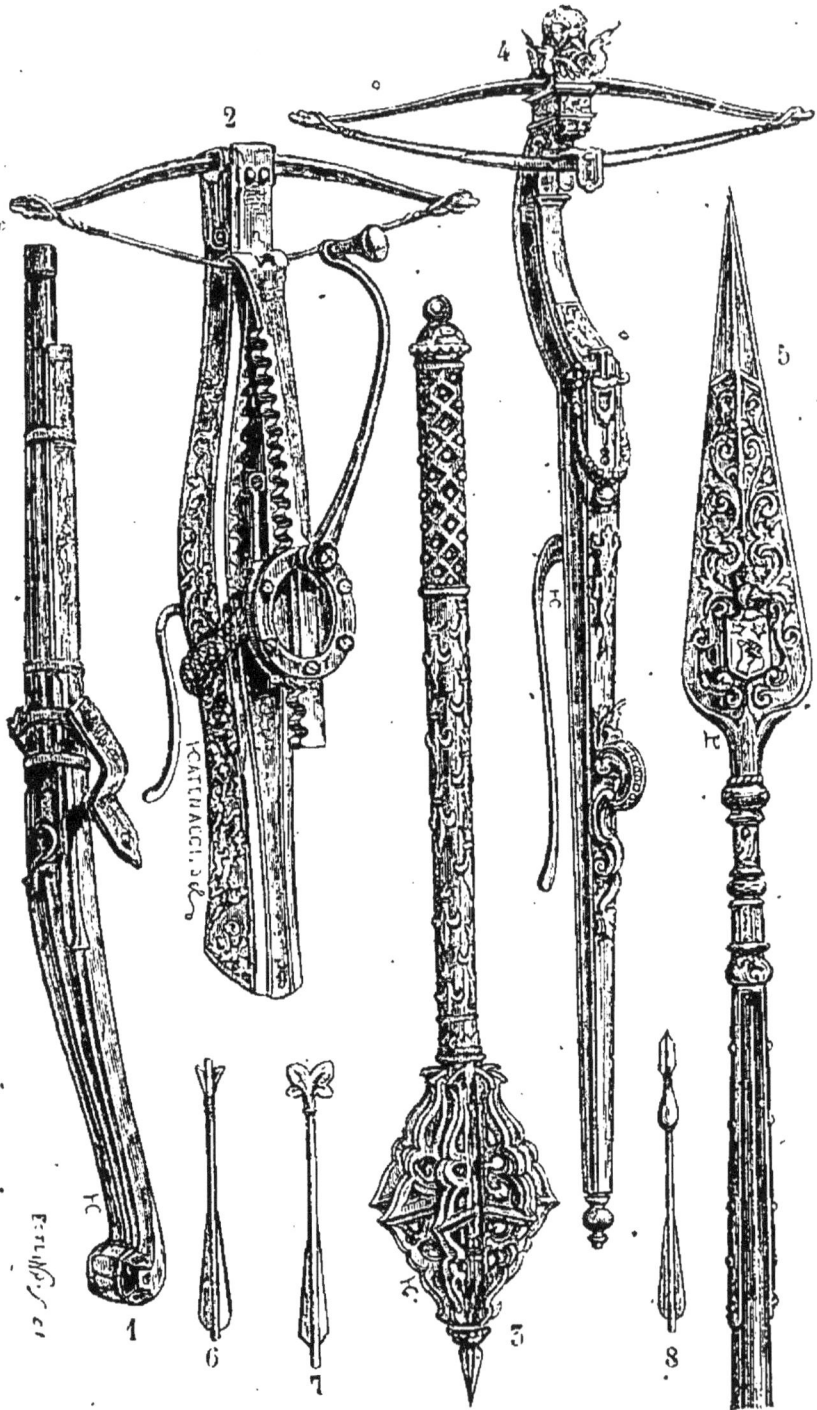

Fig. 27. — 1. Mousquet. — 2. Arbalète à cric. — 3. Masse d'armes. —
4. Arbalète décorée de Catherine de Médicis. — 5. Pique. — 6, 7 et 8.
Viretons d'arbalète.

sarme cède la place au *fauchard*. Qu'on se figure un grand rasoir mis au bout d'un long bâton. Cette arme aussi a une fort méchante réputation, ou, pour mieux parler, la réputation d'être fort méchante ; et il paraît qu'entre des mains habiles elle la méritait bien. (Voy. p. 235, n° 4.)

Venons à l'équipement défensif du piéton. J'ai dit que le soldat roturier, serf ou paysan échappé au servage, ne figure que peu ou point dans l'imagerie du moyen âge jusqu'au quatorzième siècle. Quand on l'y rencontre par hasard, on voit que son habit ne diffère pas extérieurement, à la guerre, de ce qu'il était aux champs. On sait cependant qu'il portait par-dessous des fragments de cottes de mailles, peut-être des débris ramassés sur les champs de bataille, ou des pièces rembourrées. Au quatorzième siècle, il a à peu près un costume militaire. Pour le buste, c'est le *jacques*, pourpoint en peau de buffle rembourré, ou la *brigandine*, pourpoint semé de petites plaques de fer de formes diverses. Pour les jambes et les bras, ce sont de demi-garde-bras, de demi-trumelières, de demi-grevières, c'est-à-dire que, des deux pièces bombées embrassant le membre, comme nous l'avons vu pour le chevalier, il n'en reste plus ici qu'une, qui couvre la partie antérieure de chaque membre, laissant la postérieure sans défense. C'est, en un mot, une demi-armure. Pour la tête, le *chapel de fer*, calotte munie d'un large bord circulaire et un peu rabattu, ou la *salade*, casque à grande gouttière protégeant la nuque, le derrière du cou et munie d'oreillères carrées.

Nous avons laissé l'armure du cavalier à demi tranformée, sans être encore arrivée à la forme définitive à laquelle elle tend visiblement. C'est le costume civil qui, en subissant un nouveau changement, fournit comme toujours au costume militaire l'occasion de changer. Sous Charles VI, on rejette le pourpoint, on se met en petite veste, encore rembourrée, un peu collante, avec de longues manches étroites. Les chausses qui couvrent tout le bas du corps étant collantes aussi, les hommes semblent être nus. On a dit « qu'ils avaient une certaine ressemblance avec des lapins écorchés » ; cette plaisanterie paraît juste.

Quoi qu'il en soit, le cavalier, en adoptant cette courte veste et en la mettant sur son haubergeon en place du pourpoint, trouva qu'il avait le ventre et le haut des cuisses bien découverts. On chercha un remède à cela ; après l'invention des brassards et des cuissards, il n'était pas difficile de le trouver. On eut bientôt imaginé un corselet de fer, formé de deux pièces emboîtant le buste. La pièce de devant monta de la ceinture jusqu'au creux de l'estomac, celle de derrière s'arrêta entre les deux épaules. Ce n'était pas encore la cuirasse, comme on voit ;

c'était la demi-cuirasse. Elle se portait sur le haubergeon et la veste. Le haut
du ventre était ainsi bien
défendu, mais non pas le
bas. On attacha à la ceinture de la cuirasse un système de lames circulaires,
articulées, à recouvrement,
dessinant le commence-
ment d'un jupon de fer;
cela s'appela les *faudes*.

Sur les flancs, des deux
côtés, on appendit à ces
faudes une plaque de fer,
qui descendit le long des
cuisses, à la rencontre des
cuissards. C'était comme

Fig. 28. — Chevalier sous
Charles VI.

une espèce de bouclier fixé aux faudes et qui affecta
les formes les plus diverses, carré, hexagonal, découpé, trilobé, etc. Devant et derrière, le haubergeon paraissait à découvert.

Tel était l'habillement des *sires des fleurs de lis*,
frères de Charles VI, quand ils allaient à la guerre;
celui du fameux duc de Bourgogne Jean sans Peur,
qui fit assassiner le duc d'Orléans; celui des sires
d'Armagnac et des sires de Bourgogne, qui désolèrent avec une rapacité si féroce la France du quinzième siècle.

Sous Charles VII, la demi-cuirasse devient cuirasse entière ; elle monte devant et derrière, enfer-
mant le corps jusqu'au cou. Cependant il ne faut
pas se la figurer comme un vêtement d'une seule
pièce, à la manière des cuirasses modernes, qui
semblent des vestes sans manches ; ni même de
deux pièces, comme nous avons vu qu'était la demi-
cuirasse. La cuirasse de ce temps est largement
échancrée des deux côtés sur l'épaule, et là, pour
boucher l'échancrure, il y a un système de lames
articulées, courbées en demi-cercle, et faisant
saillie pour l'œil, comme une large et grande épau-
lette. Cette pièce s'appela l'*épaulière*.

Désormais l'armure est complète (voy., comme
type, la figure p. 145) ; nous pouvons énumérer les
pièces qui la composent : 1° la *cuirasse* en deux
pièces formant boîte ; 2° les *épaulières* ; 3° les *bras*
ou *brassards* ; 4° les *coudières* avec les *gardes* qui
couvrent la saignée ; 5° les *avant-bras* ; 6° les *faudes*
avec leurs *gardes*, c'est-à-dire les pièces tombantes
dont nous avons parlé ; 7° le *haubergeon* sous la
cuirasse et qui paraît sur le bas-ventre, ainsi que
sur le post-tergum ; 8° les *cuissots* ou *cuissards* ;
9° les *genouillères* ; 10° les *grevières* ; 11° les *souliers* ou *solerets* en lames articulées. Est-ce tout ?
Il y manque une pièce dont je n'ai pas encore parlé
et qui, sous Charles VII, est encore d'invention récente ; c'est le *gantelet*, composé de lames de fer

Fig. 29. — Armure de Charles le Téméraire.

cousues sur un gant de buffle; la main était restée
jusque-là sans autre abri que le gant de peau. Total
douze pièces.

Les guerriers célèbres de cette époque, ceux qui
portèrent les premiers cette armure, sont connus
de tout le monde. Je n'ai, pour éveiller dans l'esprit
de mon lecteur le souvenir de mille traits de bravoure, hélas! mêlés d'autant de brigandages, qu'à
citer les noms de La Hire, Xaintrailles, d'Alençon,
Richemont. Il est vrai que, pour l'honneur de l'époque, l'image pure et radieuse de Jeanne d'Arc plane
sur tout cela.

Pour achever le récit des innovations du quinzième siècle, il me reste à parler de la coiffure et
de l'épée. La tête et le cou étaient protégés, comme
nous l'avons vu, par le bassinet et par le camail de
mailles, l'un posant sur l'autre. Vers 1450, le bassinet céda la place à l'armet. Celui-ci fut formé d'une
calotte de fer, qui alla s'épanouissant sur la nuque
en une large gouttière et d'une pièce courbée en
forme de quart de boule, placée en bas et par devant, de manière à couvrir le menton et la bouche.
Cette pièce, percée de trous pour la respiration,
s'appela la *bavière*. A la rencontre de ces deux pièces, on en ajouta une troisième pour boucher le vide
entre la calotte et la bavière; celle-ci, mobile autour
d'un rivet, se levait, s'abaissait à volonté; ce fut la
visière, où on perça des vues. Enfin à la base de ce

casque on attacha un système circulaire de pièces articulées, dessinant une cravate et un commencement de justaucorps : ce fut le *gorgerin*, qui tint la place du camail de mailles.

Quant à l'épée, le changement qu'elle subit est moins long à expliquer. De longue et étroite qu'elle était au quatorzième siècle, elle redevint dans celui-ci un peu plus courte, plus large au talon, rétrécie progressivement, enfin à peu près telle qu'on l'a déjà vue au douzième siècle.

IX

Le seizième siècle est, pour les armes comme pour le reste, une ère de rénovation. Nous allons voir la plupart des armes usitées au moyen âge non pas se perfectionner, mais tomber peu à peu en désuétude, les unes plus tôt, les autres plus tard, et finalement disparaître, pour faire place aux armes modernes inventées déjà et depuis longtemps connues, le canon, le fusil, mais qui, dans leur premier état, n'offraient que peu ou point d'avantages sur les armes anciennes. Il est curieux de suivre dans leurs dernières formes et dans les degrés de leur décadence chacune des armes que nous avons vues employées durant la période gothique.

Commençons par l'armure. En attendant que les armes à feu la fassent disparaître, événement qu'on ne prévoit pas encore; on se met à la décorer avec ce goût de richesse, cette recherche et cette fécondité d'invention qui distingue les artistes de l'époque ; au reste, les nobles firent en tout temps de grandes dépenses pour leurs armures, et ce fut toujours parmi eux une émulation à qui les aurait aussi belles et aussi rares que possible ; mais, durant la Renaissance, ce goût fut porté jusqu'à l'excès et à la ruine.

Nous n'en finirions pas si nous voulions, je ne dis pas décrire, mais seulement mentionner toutes les œuvres remarquables, pleines d'invention et de goût, que ce siècle nous a laissées en fait d'armures, et qui se trouvent à cette heure dispersées dans les nombreuses collections existant en Europe. Nous en décrirons quelques-unes au chapitre des armes ornementées. Ce que nous voulons consigner dans celui-ci, ce sont les changements essentiels que l'armure subit avant sa suppression définitive. A la fin du quinzième siècle et au commencement du seizième, au moment où nous la prenons, elle a un plastron bombé. La dernière lame de l'épaulière se redresse (plus sur l'épaule gauche que sur la droite), et forme autour du cou une espèce de collerette de fer, irrégulière et brisée, qui était destinée à arrêter les coups de lance ou d'épée dirigés contre le cou. Ces *passe-gardes* ou *garde-collets*, parfois très-élevés, sont distinctifs des armures de Charles VIII, Louis XII et François Ier. Les *tassettes* (ou *gardes des faudes*), qui étaient auparavant d'une seule pièce en

forme dè brique ou profondément découpées en
pointe, deviennent arrondies et se composent de
pièces articulées. Le *soleret*, qui s'allongeait en
pointe indéfinie, se raccourcit à la mesure du pied,
et prend la forme carrée commune à toutes les
chaussures du temps.

Le costume civil, avons-nous dit, influe toujours
sur le costume militaire. Comme nouvelle preuve à
l'appui de cette vérité, on trouve des armures creusées et tailladées à la manière des habits de drap ou
de soie de cette époque.

Un trait qu'on doit exagérer bientôt commence
sous François Ier à se marquer : un arrêt partage
le plastron de la cuirasse en deux versants, et se
dessine vaguement en pointe à la hauteur de l'estomac.

Sous Henri II et surtout sous Henri III, à l'imitation de ces habits bizarres qu'on remarque d'abord
dans les peintures du temps, la taille de la cuirasse
s'allonge, et la pointe de l'arête descend plus bas
vers la ceinture, en même temps qu'elle s'accuse
bien davantage.

Mais voici un changement autrement considérable : l'usage des grevières et des solerets commence
à se perdre. Il est probable que, comme on avait
appesanti l'armure, en la renforçant au plastron,
pour la rendre propre à parer les coups de feu, on
sentit la nécessité de l'alléger d'un autre côté, ce qui

amena le sacrifice des pièces susdites. En outre, la *braconnière* (ou les *faudes*) disparaît, les *tassettes* aussi; elles sont remplacées par de grands cuissards (ou de grandes tassettes, on ne sait plus comment les appeler puisqu'ils font un double office), par de grands cuissards, dis-je, articulés, qui vont des hanches aux genoux. Les passe-gardes partent en même temps; l'épaulière redevient unie. Les grevières enfin sont remplacées par des bottes en buffle qui montent jusqu'aux genoux.

Cette armure resta longtemps en usage : c'est celle qu'on porte encore du temps de Louis XIII, comme on peut le voir par le portrait de Philippe de Champagne. que possède le musée du Louvre. Notons cependant quelques changements intermédiaires : sous Henri IV et Louis XIII, les cuissards sont faits de lames beaucoup plus légères; on leur donne une forme plus large, pour les conformer au costume civil; le plastron est raccourci de nouveau et ne dessine plus qu'une légère pointe.

Tandis qu'en France on n'abandonnait que peu à peu et lentement les usages des siècles antérieurs, il se passait en Allemagne des événements considérables qui devaient précipiter la réforme de l'armement. Un homme de génie, Gustave-Adolphe, changeait la stratégie et la tactique. Nous n'avons ici à nous occuper de ces innovations qu'en tant qu'elles concernent les armes et leur maniement. Dans cette

sphère étroite, Gustave-Adolphe se montra, comme
en tout le reste, l'homme des temps modernes,
l'ennemi des vieilles armes défensives, qui ôtaient
au soldat la liberté de ses mouvements, et même
de son esprit, et en pure perte désormais, car l'armure ne le mettait pas à l'abri des balles de mousquet, ni même de celles de l'arquebuse, telle qu'on
venait de la modifier; mais pour comprendre la
situation, il faut remonter plus haut.

Nous avons vu qu'on avait abandonné déjà depuis
quelque temps les grevières et les solerets. Les capitaines illustres du seizième siècle, notamment Saulx-
Tavannes et Lanoue, avaient été dans leurs théories
plus loin que la pratique de leurs contemporains.
Ces bons esprits condamnaient absolument l'armure; ils ne voulaient pas plus de la cuirasse que
du reste. Les soldats, pour d'autres raisons, n'en
voulaient pas non plus; on avait quelque peine à
leur faire porter le harnais obligatoire. D'abord c'é-
tait eux qui payaient l'armure (et toujours assez
cher), on leur en retenait le prix sur la solde. En
second lieu, la fatigue qu'elle occasionnait leur
était insupportable. Troisièmement on commençait
à s'apercevoir que, si elle offrait une défense plus
que douteuse contre les coups, elle procurait en revanche certaines maladies particulières; Lanoue
dit avoir vu nombre de militaires qui à trente ans
étaient déjà déformés ou à moitié perclus, pour avoir

porté l'armure. L'exemple des reîtres allemands,
qui, dans leurs premières campagnes en France, se
présentèrent avec des justaucorps de buffle en place
d'armure, était venu confirmer nos soldats dans ces
dispositions. Aussi ne s'armait-on qu'au moment de
la bataille, et souvent prétextait-on de la surprise
ou de la hâte pour ne pas s'armer du tout. Il arrivait même parfois que les gens d'armes, qui portaient
une espèce de tabard ou de blouse sur leur cotte
d'armes, profitaient de la couverture de cet habit
pour aller au combat sans la cuirasse imposée. La
répugnance était donc générale, et l'esprit moderne,
qui préfère la liberté d'action à la sécurité, protes-
tait déjà contre les traditions du moyen âge. Néanmoins les rois et les princes continuaient en général
de tenir à l'armure, comme à un article essentiel
de la discipline. Ils empêchaient qu'on ne jetât le
harnais aux orties. Louis XIII, en particulier, et Richelieu lui-même, firent des efforts dans ce sens. Ils
enjoignirent la peine de la dégradation pour tout
gendarme qui se présenterait devant l'ennemi sans
armure.

Les principes de Gustave-Adolphe étaient tout
autres. Il ôta à ses soldats, au moins à la plus grande
partie, les cuissards et les brassards et ne leur laissa
qu'une cuirasse légère. Ainsi réduite, l'armure, sans
efficacité contre les coups de feu, mais utile encore
contre les armes blanches, n'offrait presque plus

d'inconvénients; elle n'enlevait pas grand'chose à
la dextérité du soldat. Aussi des capitaines, même
imbus de l'esprit moderne, ont-ils pu regretter, avec
quelque apparence de raison, que la réforme ne se
soit pas arrêtée au point où Gustave-Adolphe l'avait
laissée.

En France, les choses n'allèrent pas si vite : au
début du règne de Louis XIV, on portait encore l'armure. Vers 1660 au plus tard, les cuissards sont
tout à fait abandonnés, il ne reste plus que la cuirasse, qu'on portait sur ou sous l'habit. Vingt ans
après, la cuirasse elle-même tombe en désuétude.
Les derniers fantassins qui la portèrent furent les
piqueurs, abolis en 1675. Après eux les gendarmes
dont chaque régiment avait une compagnie, rappe-
lèrent seuls dans nos armées les anciens usages de
la guerre. Comme ils faisaient disparate, on eut
l'idée de les réunir en un seul corps, et ils formè-
rent l'unique régiment de cuirassiers qui ait figuré
dans les guerres de Louis XIV. A partir de cette
époque, les officiers, les gentilshommes portent
encore la cuirasse quand ils vont se faire peindre,
mais en campagne ils s'en abstiennent.

Aux siéges, dans les tranchées, c'était une autre
affaire. Là on se couvrait encore d'une armure complète avec plastron, cuissards, solerets, etc. Et
cette armure même est très-lourde. Le casque qui
va avec elle est d'une pesanteur singulière, il rap-

pelle le heaume de Philippe-Auguste; on l'appelait
le pot ou le pot-de-fer. Les mémoires du temps nous
apprennent que Louis XIV allait à la tranchée,
comme tout le monde, avec l'armure et le pot en
tête.

Cela m'amène naturellement à parler de la coiffure. L'armet resta en usage pour la cavalerie pendant tout le seizième siècle et la moitié du dix-

Fig. 50. — Armet du dix-
septième siècle.

septième siècle. On peut
voir dans une gravure re-
présentant la bataille de
Rocroy, et faite à cette
époque, les gentilshommes
qui entourent le prince de
Condé charger avec l'ar-
met en tête (cet armet
diffère de l'ancien par la
forme de la visière, qui
est grillagée); mais le
prince est déjà coiffé d'un
chapeau qui commence à devenir à la mode, et qui,
sous Louis XIV, prévaudra contre l'armet, pas longtemps, il est vrai, car il ne tardera pas à disparaître
aussi. C'est un chapeau de feutre à larges bords,
surmonté de plumes et garni intérieurement d'une
calotte en acier, ciselée à jour ou pleine. Cette coiffure, qui dans les tableaux apparaît comme un
simple chapeau de feutre, fut portée quelque temps

par la plus grande partie des soldats, soit à pied,
soit à cheval. Certains corps, comme les cuirassiers
et la maison du roi, eurent des chapeaux en fer,
sans feutre extérieur, à larges bords et munis d'un
nasal. Bientôt la calotte de fer intérieure fut remplacée par une armature en fer ou même simplement par deux bandes de fer placées en croix. Enfin
on bannit de la coiffure toute espèce de fer; voilà
comment on en vint petit à petit à se débarrasser de
l'armure de tête.

Si on reprit le casque sous Louis XVI, ce ne fut
que pour certains corps spéciaux. Les formes de ce
casque qui, avec quelques modifications, est porté
encore aujourd'hui par divers corps de cavalerie,
sont, comme tout le monde en a pu juger, plus ou
moins renouvelées du casque romain des derniers
temps, calotte ronde, visière allongée, garde-nuque
et cimier avec appendice d'espèces diverses.

Ce que nous venons de dire ne concerne que la
cavalerie. Quant aux troupes à pied, au seizième
siècle, chacun des corps particuliers a une coiffure
spéciale, ou qui du moins lui est plus habituelle.
La *bourguignotte* appartient surtout aux piquiers
(voy. p. 169, n° 2), le *morion* aux arquebusiers, le
cabasset aux autres troupes. La bourguignotte se
compose d'une calotte, d'un couvre-nuque et de
deux oreillères; le morion a un timbre qu'on peut
dire ogival, surmonté d'une longue crête; ses bords

abaissés sur les oreilles dessinent une courbe qui lui donne une certaine ressemblance avec un bateau renversé. .Cette espèce de casque a été souvent l'objet d'une ornementation très-soignée ; on en voit un ici de ce genre.

Le cabasset est tout simplement une calotte avec des bords larges et très-abaissés. Le morion et le

Fig. 51. — Morion du seizième siècle.

cabasset ne furent en usage que durant le seizième siècle. La bourguignotte, avec un nasal qu'on y ajouta, fut portée assez généralement par les hommes de pied sous Louis XIII.

La hallebarde et la pique eurent, de Louis XI à François Ier, une vogue qui tint à l'habileté et au courage des soldats suisses, dont c'étaient les armes principales. Après la défaite de Charles le Téméraire, duc de Bourgogne, par les soldats de cette nation, il fut un temps où aucun souverain ne se croyait sûr de la victoire s'il n'avait des Suisses parmi ses troupes. La hallebarde et la pique, en suite des mêmes idées, passèrent pour les seules armes capables d'arrêter, entre les mains des piétons, le choc d'une gendarmerie. Il faut dire que les

Suisses avec ces deux armes-là, mais surtout avec la longue pique de 18 pieds, avaient presque changé la tactique.

Nous avons vu, au quinzième siècle, commencer la puissance de l'infanterie, qui avait été comptée pour rien jusque-là sur les champs de bataille. La méthode usitée au quinzième siècle pour arrêter la lourde cavalerie bardée de fer consistait à lui opposer en première ligne des arbalétriers ou des archers chargés de rompre d'abord son élan, en tuant autant de chevaux que possible, et en seconde ligne des gendarmes, mais des gendarmes à pied revêtus de l'armure et armés de la lance. Les Suisses, qui n'avaient pas de chevaux du tout et qui n'avaient que peu d'armures, quand ils furent mis en demeure par Charles le Téméraire de monter sur la scène du monde, ne trouvèrent rien de mieux pour résister à sa chevalerie que de former des bataillons profonds et compactes, où chacun, tenant fermement sa longue pique, se maintenait aussi serré que possible à son voisin. Ils renouvelèrent ainsi, sans trop s'en douter, la phalange macédonienne. Et, non-seulement cet ordre leur servit à se défendre victorieusement, mais ils prouvèrent qu'il pouvait servir aussi à l'offensive. Plus d'une fois, sans attendre le choc de la cavalerie, ils se lancèrent contre elle au pas de course, en maintenant la compacité de leurs rangs.

Leurs succès modifièrent les idées qu'on se for-
mâit de la tactique et suggérèrent les procédés sur
lesquels on vécut durant tout le seizième siècle. Il
fut admis qu'une infanterie, formée en gros bataillons et mêlée dans des proportions convenables de
piquiers, de hallebardiers et d'arquebusiers, constituait, au moins autant que la cavalerie, le nerf et
la force d'une armée. Généralement on mettait les
arquebusiers en tirailleurs devant le front du bataillon. Quand la cavalerie chargeait, ceux-ci venaient s'abriter sous les longues piques des premiers rangs. Les derniers étaient composés de soldats
qui portaient la hallebarde, plus lourde que la
pique. Les hallebardiers étaient destinés à repousser les chevaux, au cas où les piqueurs seraient
rompus. La hallebarde, en effet, plus maniable que
la pique, était plus avantageuse pour un combat
corps à corps avec le cavalier.

La bataille de Marignan, où les Suisses furent
défaits par la cavalerie française, diminua un peu
le prestige des soldats de cette nation ; et durant les
guerres d'Italie qui survinrent, on reconnut que les
soldats de pied allemands les égalaient en solidité ;
mais l'opinion qu'on avait sur la force de l'infanterie n'en fut pas modifiée.

Une autre pièce de l'équipement gothique tombe
en défaveur à l'époque dont nous parlons, et cela
grâce surtout aux soldats suisses : c'est le bou-

clier. Les Suisses trouvèrent qu'il était fort gênant quand ils voulurent former ces lignes serrées dont nous avons parlé. Ils l'abandonnèrent donc hardiment et se contentèrent de mettre en avant ceux d'entre eux qui avaient des armures. A leur exemple, la gendarmerie à son tour renonça au bouclier. On peut voir, par les superbes bas-reliefs qui décorent le tombeau de François Ier à Saint-Denis, et qui représentent la bataille de Marignan, combien le bouclier est rare : il est généralement de forme circulaire, en bois recouvert de peau ou en cuir bouilli, quelquefois en fer ciselé ; on l'appelle alors rondelle ou rondache. Après François Ier, quand on le rencontre, c'est toujours une exception. Les capitaines des gens de pied en ont un qu'ils font porter par un valet, moins comme une arme sur laquelle ils comptent que comme un souvenir des anciens usages. Cependant dans les siéges, pour les rondes de nuit et pour les reconnaissances, on s'en servit encore jusque vers la fin dix-septième siècle. On sait que les Écossais, troupes auxiliaires qui figurèrent dans nos rangs à la bataille de Fontenoy, s'y montrèrent avec des boucliers ; mais ils représentaient une nation arriérée, encore adonnée aux errements du moyen âge.

La lance resta en usage durant tout le seizième siècle, et jusqu'en 1605, sous Henri IV, qui l'abolit en réorganisant les compagnies d'ordonnance.

Néanmoins, dans le cours du seizième siècle, son importance avait déjà diminué beaucoup, et en même temps celle de la grosse cavalerie, dont c'était l'arme spéciale. Divers corps de cavalerie plus ou moins légère avaient été formés à l'imitation des Allemands, qui les premiers entrèrent dans la voie moderne pour la cavalerie, comme avaient fait les Suisses pour l'infanterie. Le plus célèbre de ces corps allemands, qui nous servirent de modèles, fut celui des reîtres. Ils étaient couverts d'armures noires et portaient l'épée avec le pistolet. Ces *cottes-noires*, troupes mercenaires qu'on voit au service des deux partis catholique et protestant, pendant les guerres de religion, désolèrent le menu peuple par leurs déprédations et par leurs cruautés.

« J'ai vu le reître noir foudroyer par la France, » dit d'Aubigné dans ses immortels *Tragiques*.

La pique, dont nous venons de raconter les beaux temps, fut, avec l'arquebuse ou le mousquet, l'arme principale de l'infanterie jusque vers 1640. Seulement, à mesure qu'on s'approchait de ce terme, le mousquet prenait proportionnellement plus d'importance et les mousquetaires devenaient plus nombreux, tandis que les piquiers diminuaient. Vers le milieu du dix-septième siècle apparaît dans les armées françaises, sur la frontière du Nord, une arme nouvelle destinée à chasser bientôt la pique C'était une lame d'épée effilée, insérée dans un petit manche de bois rond. On introduisait ce manche dans le canon de fusil, qui se trouvait ainsi transformé en hallebarde : c'était la baïonnette, dont l'origine est encore un sujet de contestation parmi les archéologues. Il paraît vraisemblable que dans la forme que nous venons de dire, qui est sa forme primitive, on l'employait partout à la chasse contre les *grosses bêtes*. L'idée devait venir naturellement tôt ou tard de s'en servir à la guerre.

Malgré l'inconvénient que présentait la nouvelle arme, en empêchant le fusil de faire feu, on la préféra tout de suite à la pique. Et quand on donna le fusil aux grenadiers et aux artilleurs, qui jusque-là ne s'étaient occupés que de leurs grenades ou de leurs canons, ce fusil porta à son extrémité une baïonnette.

Le premier perfectionnement apporté à cette arme consista à la faire concave, comme elle est encore aujourd'hui, au lieu de plate qu'elle était ; puis on eut l'idée de la couder et de la terminer en douille creuse s'emmanchant au bout du fusil. De cette manière, elle n'empêchait plus de tirer. (Voy. p. 223, nos 1, 3 et 5.) Ce fut en 1703, et par les conseils de Vauban, que tous les fusils d'infanterie furent pourvus de baïonnettes.

Voici, au reste, une page curieuse par les détails qu'elle renferme sur les commencements de la baïonnette, et plus encore par ceux qu'elle donne sur l'emploi de la pique, et qui confirment ce que nous avons dit sur les idées tactiques du seizième siècle, lesquelles s'étaient, comme on va voir, prolongées dans le dix-septième :

« L'auteur de l'*Art militaire*, attribué à M. de Langey, du temps de François Ier, Machiavel, le seigneur de la Noue, dans ses *Discours politiques et militaires*, et les autres qui ont traité en ces temps-là et depuis de la milice, ont tous regardé comme une chose indispensable d'avoir dans une infanterie au moins le tiers de piquiers, pour les mettre dans un combat au front de chaque bataillon. On choisissait les plus forts et les plus vigoureux soldats pour les armer de la pique ; et la coutume était qu'ils avaient une solde un peu plus grosse que les arquebusiers et les mousquetaires.

« Les Suisses et les Allemands étaient ceux de toutes les nations qui se servaient le mieux de la pique ; et c'est une des raisons pour lesquelles l'infanterie de ces pays passa pendant longtemps pour la meilleure qu'il y eût en Europe. M. de la Noue se plaint souvent de ce que les Français ne pouvaient s'accommoder de cette arme, prétendant qu'il ne manquait que cela à notre infanterie pour égaler celle des Suisses et des lansquenets, et pour se pouvoir passer de ces deux nations dans nos guerres, où leurs caprices furent souvent la cause de nos

déroutes, surtout dans les guerres d'Italie. L'expérience a prouvé depuis la verité de ce que disait ce
fameux capitaine.

« L'idée de la nécessité des piquiers dans un bataillon a toujours été la même jusqu'à ces derniers
temps ; et voici ce qui donna occasion de changer
de sentiment là-dessus.

« Feu M. le baron d'Asfeld raconta, en 1715,
peu de temps avant sa mort, qu'en 1689, étant re-
venu de Hongrie, il avait commandé un corps de
2,000 hommes envoyés par le roi de Suède au secours de l'Empereur contre les Turcs. M. de Louvois le questionna fort sur la manière dont la guerre
se faisait en ce pays-là. A cette occasion il dit entre
autres choses à M. de Louvois que l'empereur avait
ôté les piques à ses troupes, et avait donné des
mousquets à toute l'infanterie ; que ce qui avait
déterminé ce prince à ce changement était que les
Turcs savaient bien mieux manier le sabre que les
chrétiens ; qu'ils s'en servaient avec succès contre
les piques, et que d'ailleurs ils appréhendaient
beaucoup le feu ; que sur cette réflexion l'empereur
avait pris son parti, qu'il avait aboli les piques pour
augmenter le nombre des mousquetaires, et par
conséquent multiplier le feu ; que, par la même
raison, dans les combats, on serrait plus qu'auparavant les bataillons et les escadrons, et qu'on laissait entre eux moins d'intervalle pour empêcher que

les Turcs ne pussent les prendre si aisément en flanc quand' on se mêlait.

« Il m'ajouta que M. de Louvois avait fort goûté ces raisons et quelques autres qu'il lui rapporta contre l'usage des piques ; que ce ministre en parla au roi ; qu'il en fut ébranlé, mais qu'il ne put se résoudre à faire un changement de cette conséquence, et que M. de Louvois n'insista pas davantage, n'osant se charger des événements, au cas qu'il arrivât quelque malheur de cette nouvelle disposition ; qu'une chose qui arriva à la bataille de Fleurus, en 1690, réveilla cette pensée : c'est qu'on eut beaucoup moins de peine à venir à bout de quelques bataillons hollandais qui avaient des piques, que de quelques bataillons allemands qui n'en avaient point, et cela à cause de leur grand feu.

« La chose en demeura là pour lors. Voici ce que j'ai sçu d'ailleurs et d'aussi bonne part. M. le maréchal de Catinat, faisant la guerre dans les Alpes aux Barbets, ôta les piques à ses soldats, parce qu'elles étaient moins propres pour ces combats de montagnes, et que le grand feu y était beaucoup plus utile; que l'on continua d'en user de même dans les guerres d'Italie, parce que le pays, qui est fort coupé, ne permettait pas de s'étendre beaucoup en plaine ; qu'enfin le roy dans la suite ayant consulté plusieurs généraux d'armée, qui ne furent pas tous d'un même avis, et ayant pesé les raisons de part et d'autre, il s'en tint au sentiment de M. le maréchal de Vauban, qui était d'abolir les piques, contre celui de M. d'Artagnan, depuis maréchal de France, sous le nom de Montesquiou, et alors major des gardes-françaises. Qu'en conséquence, en 1703, ce prince fit une ordonnance par laquelle toutes les piques furent abolies dans l'infanterie, et qu'on y substitua des fusils. C'est là l'époque de ce changement général, et un des plus considérables qui se soient faits depuis longtemps dans la milice française. » (Daniel, *Milice française*, t. II, p. 390.)

On peut remarquer ici deux choses : c'est d'abord qu'on se préoccupe toujours principalement, au temps où parle le P. Daniel, comme au moyen âge, de trouver un moyen sûr pour rendre l'infanterie invincible à la cavalerie ; on considère encore ce point comme le problème capital de l'art militaire. Secondement que le fusil suit sa marche ascendante. Il est monté en grade depuis le seizième siècle, qu'on me passe l'expression. Au seizième siècle, on comptait également pour arrêter la cavalerie sur les piquiers et sur les arquebusiers qu'on mêlait ensemble, et même un peu plus sur les piquiers. A présent, on croit que des arquebusiers aguerris, avec un *bon feu*, peuvent suffire, et l'expérience vient prouver qu'on a raison. Gustave-Adolphe, auquel on revient toujours quand il s'agit de la création de

la tactique moderne, le premier encore avait en-
trevu.cela. Il osa mettre en ligne des troupes presque uniquement composées d'arquebusiers ; il leur
disait seulement : Tirez à quinze pas.

L'épée, au seizième siècle, affecte, quant à sa
lame, des formes diverses ; elle se complique quant
à la poignée. Pour bien comprendre ce que nous
avons à dire à cet égard, il faut d'abord connaître
le sens de quelques mots qui servent à désigner les
différentes parties de cette arme.

La *lame* comporte les divisions suivantes : la
soie, c'est le prolongement ordinairement rétréci
du fer qui s'enfonce dans la *poignée ;* le *talon* vient
ensuite : c'est la partie de la lame voisine de la
poignée, partie qui est presque toujours plus large
que le corps de la lame ; le *corps de la lame* et la
pointe.

La *poignée*, même la plus simple, et telle que
nous l'avons vue durant le cours du moyen âge, offre comme parties distinctes : le *pommeau*, c'est la
boule ou le carré en métal, qui termine habituellement la poignée ; la *fusée*, c'est la poignée proprement dite ; les *quillons*, ce sont les branches trans-
versales, qui avec la fusée dessinent une croix.

Voici maintenant les diverses pièces qu'on ajouta
à la poignée et qui peuvent se rencontrer dans une
épée du seizième siècle. Il est rare cependant, il
faut le dire, que toutes se trouvent ensemble dans

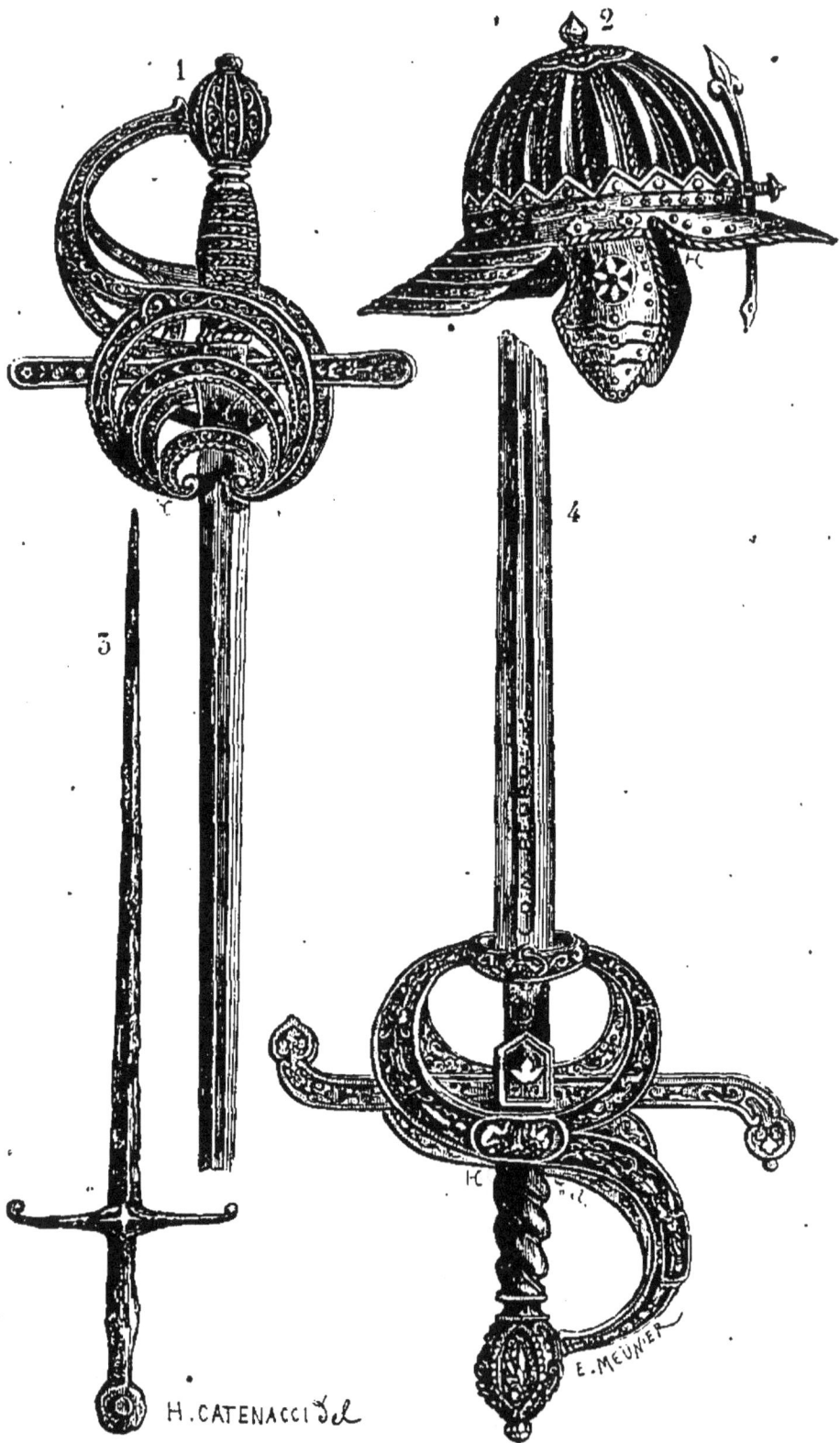

H.CATENACCI del

E.MEUNIER

Fig. 52. — 1 et 4, Épées du seizième siècle. — 2, Bourguignotte. —
3, Épée du treizième siècle.

une même arme ; nous supposerons, pour plus
de commodité, que je décris une de ces épées modèles où se rencontrent toutes les pièces. Outre le
pommeau, la fusée et les quillons, notre épée a
d'abord une *garde* et une *contre-garde*, c'est-à-dire
une plaque de fer, plate ou concave, pleine ou repercée à jour, de chaque côté de la fusée et perpendiculaire à son axe ; des *branches* courbes allant directement ou obliquement des gardes au pommeau ;
des *pas-d'âne*, c'est-à-dire deux anneaux partant des
quillons et se recourbant sur la lame, dans le plan
de la lame ; enfin une *seconde garde* entre les deux
extrémités du pas-d'âne. Voilà l'épée du seizième
siècle dans toute sa complication.

L'épée dont se servaient les gens d'armes était
plus simple. Des diverses pièces que nous venons
d'énumérer, elle n'avait en général que les gardes.
L'épée de ville, au contraire, avait au moins les
branches en sus des gardes. C'est l'épée de ville qui
offre le plus souvent les complications que nous
avons vues et qui eurent à l'origine un but utile,
celui d'arrêter ou d'engager à faux l'épée de l'adversaire, mais devinrent en bien des cas de purs motifs
d'ornementation. Il serait cependant imprudent de
classer les diverses épées en usage dans ce siècle
par la forme de la poignée ; il vaut mieux s'en référer à la lame, qui est la partie essentielle. Voici les
divers types d'épées qui ont reçu des dénomina-

tions particulières, et auxquels se peuvent ramener
toutes les armes de cette espèce.

L'*estoc*, grande épée à lame rigide, creusée d'un
évidement le long de la lame. L'homme d'armes
portait l'estoc suspendu à l'arçon droit de sa selle.
Il ne laissait pas d'avoir, en même temps, l'épée au
côté gauche. Celle-ci ne différait guère de l'estoc
qu'en ce qu'elle était moins longue.

L'*épée à deux mains* était l'arme distinctive des
lansquenets, fantassins mercenaires, qui, avec les
reîtres (ceux-ci étaient les cavaliers allemands),
jouent un rôle si important dans nos guerres de
religion. L'épée à deux mains, avec son énorme
glaive droit, aigu, à deux tranchants, avec sa poignée et ses quillons droits de dimensions propor-
tionnées, avec ses crocs menaçants qui garnissent
ordinairement le bas de la lame, fait une effroyable
figure dans nos musées. Il semble cependant,
d'après les récits des historiens militaires, qu'elle
n'était pas aussi méchante qu'elle en a l'air. La
lame de cette épée affectait souvent la forme flam-
boyante.

On plaçait ordinairement au premier rang ceux
des lansquenets qui portaient cette arme ; car elle
n'était pas générale parmi eux. Elle demandait une
éducation et un talent spécial sans lesquels on ris-
quait fort de blesser soi et ses compagnons. En
marche, l'épée à deux mains se portait sur le dos,

au moyen d'une courroie transversale, comme une guitare.

Le *braquemard* était une arme courte, tenant le milieu entre l'épée et la dague; plate, large, très-tranchante des deux côtés. Elle n'avait à la poignée que deux quillons recourbés vers la pointe de l'arme. Une variété de cette espèce, remarquable par la largeur de sa lame plate, s'appelait un *malchus*.

Les épées de ville, dont nous avons déjà parlé, avaient les lames les plus diverses. Citons dans cette catégorie : le *verdun*, épée étroite et longue. On en voit au Musée d'artillerie qui paraissent tout à fait démesurées. Dressées, elles iraient du sol au milieu de la poitrine d'un homme ordinaire. Ces armes n'ont évidemment été portées qu'à cheval.

La *rapière* à lame longue et effilée, tranchante néamoins vers le bout, était par excellence une arme de duel. Elle portait généralement pour garde une espèce de petite corbeille, qu'on appelait la coquille, percée d'une multitude de trous, pour engager et briser la pointe de l'adversaire. Les quillons droits et longs, très-longs même parfois, sortaient par les trous de la coquille. Celle-ci offrait un excellent prétexte d'ornementation, et en effet on la voit, le plus souvent, ciselée et repercée avec une délicatesse, une légèreté étonnantes; en ce cas il n'y a plus ces trous dont nous parlions tout à

l'heure, ils sont remplacés par les jours de l'ornement, par les intervalles ménagés entre les rinceaux, les fleurons, ou les figures géométriques qui
le composent.

Est-il besoin de dire que les lames les plus renommées venaient de l'Espagne, de Tolède particulièrement?

Pendant tout le seizième siècle, l'épée se porta
suspendue à un ceinturon ; quand on n'appuyait
pas la main sur le pommeau, elle tombait transversalement sur les mollets.

Sous Louis XIII, l'épée militaire n'offre rien de
particulier dans sa lame. Sa poignée est réduite
aux quillons légèrement recourbés en sens inverse,
l'un vers le pommeau, l'autre vers la lame. On commençait déjà à la porter en arrière suspendue à un
baudrier en écharpe ; la poignée battait sur le dos,
car le baudrier était très-court.

A partir de Louis XIV, les quillons disparaissent,
l'épée a une garde et une branche qui unit la garde
au pommeau. Le baudrier prend à un certain moment une grande largeur, pour offrir plus de surface aux broderies luxueuses ; il est aussi plus long
et l'arme pend obliquement sur la hanche. A la fin
de ce règne on revient au ceinturon, qu'on dis-
simule sous le justaucorps. Ajoutons que sous
Louis XIV une nouvelle forme d'épée fut très en
usage pour le duel. C'est la colichemarde, corrup-

H. CATENACCI del

55. — 1, Couleuvrine à main (voy. p. 268). — 2, Épée allemande (voy. p. 221). — 3, Estoc. — 4, Épée à deux mains. — 5, Malchus italien.

tion du mot *kœnigsmark,* qui était. le nom de son inventeur. La colichemarde a cela de distinctif que, commençant par une lame assez large, elle, se rétrécit carrément à une certaine hauteur, et se termine en un carrelet très-effilé. Cette disposition a l'avantage de mettre le centre de gravité de l'arme dans la poignée, ce qui la rend très-légère à la main et très-commode.

Dès le quatorzième siècle, et même plus tôt, on voit dans les monuments une épée très-courte figurée à la ceinture des soldats, sur le côté droit en symétrie avec l'épée, qui se porte sur le côté gauche : c'est la *miséricorde* ou la *dague.* On appelait cette arme du nom de miséricorde, parce qu'on s'en servait habituellement pour poignarder l'ennemi renversé, vaincu, et dans cette extrémité où l'on demande quartier et miséricorde. La dague, si courte parfois que ce n'est qu'un poignard, est certainement d'un usage antérieur au quatorzième siècle, mais elle n'était portée sans doute que par les gens de pied ; or on sait que ceux-ci n'ont eu les honneurs de la peinture et de la sculpture que fort tard, vers la fin du quatorzième siècle. A partir de cette époque, les monuments témoignent, non-seulement qu'elle est de plus en plus usitée chez les gens de pied mais encore que les gentilshommes, que les gens d'armes, les nobles et les cavaliers eux-mêmes, l'ont adoptée. A la fin du quinzième siècle et au seizième

elle se met toujours à la ceinture, mais elle tombe
plutôt sur le bas des reins que sur le côté. Certains
soldats, comme les lansquenets, ont une dague,
dont la gaîne s'évase par le haut en forme de trousse,
et dans cette trousse il y a un ou plusieurs couteaux
de formes diverses.

Ce qu'on appelait une *main gauche* au seizième
siècle, était une dague, particulièrement employée
dans les duels. Celle-ci a une forme bien caractéristique. Elle porte d'un côté une garde recourbée
jusqu'au pommeau, en forme de demi-coquille. Au
talon de la lame, du côté opposé, on remarque une
empreinte en creux, destinée à retenir le pouce. On
tenait cette arme le pouce en dessus, et la garde en
dessous. On s'en servait pour parer les coups d'épée
de l'adversaire, tandis qu'on l'attaquait avec sa propre épée. Telle était l'escrime du temps. La garde
de la *main gauche* formait souvent le champ d'une
décoration élégante, comme on peut voir p. 135,
n° 3. L'usage de la dague ne s'est guère prolongé
au delà du seizième siècle.

Le *sabre* se différencie essentiellement de l'épée,
non en ce que sa lame est ordinairement plus ou
moins courbée, car il y a des sabres droits, comme
la *latte* de nos cuirassiers, mais en ce que l'épaisseur de la lame va s'amincissant, à partir du dos,
pour former un seul tranchant. La plupart des épées
sont tranchantes des deux côtés, ce qui constitue

précisément leur infériorité pour donner des coups de taille. Le sabre n'est en somme qu'un grand couteau. Il y a entre le sabre et l'épée juste la même différence qui existe entre le couteau et le poignard.

Le sabre est une arme orientale. Ce n'est pas qu'on ne puisse trouver çà et là des sabres figurés dans les monuments de l'antiquité classique ou dans ceux du moyen âge, mais c'est une exception, tandis que l'épée est de règle. Les nations européennes qui nous ont communiqué l'usage du sabre, sont les Polonais, les Hongrois, dont l'armement offre un caractère oriental bien marqué, comme nous l'avons déjà noté ailleurs. Vers la fin du règne de Louis XIV, le sabre devint d'un usage assez commun dans notre armée pour les troupes de cavalerie. Les hussards hongrois qui figuraient parmi les soldats de l'empire, et avec lesquels nos dragons firent connaissance en 1690, d'une façon assez désavantageuse pour les hussards, étant devenus néanmoins à la mode quelques années après, eurent quelque part, ce semble, dans ce changement. Le maréchal de Luxembourg prit quelques escadrons de ces hussards à la solde de la France, « et les ayant employés dans des affaires de parti, il eut tellement à se louer d'eux, qu'il écrivit en leur faveur à Louis XIV. Ceux qui portèrent la dépêche à Fontainebleau y produisirent un véritable engoucment. La création d'un régiment de hussards fut aussitôt décidée.

« Les premiers hussards (les hussards du maréchal de Luxembourg) furent habillés à la turque. Une grosse moustache leur pendait sur l'estomac, et ils avaient la tête rase, sauf un toupet de cheveux sur le sommet du crâne. Leur coiffure consistait en un bonnet fourré, avec une plume de coq en pointe. Ils avaient pour unique vêtement une veste étriquée, et une culotte large par en haut, étroite par le bas, par-dessus laquelle ils chaussaient des bottines. Tout cela était posé à cru sur leur corps, car ils ne connaissaient ni les chemises, ni les bas. Pour se parer du mauvais temps, ils avaient une peau de tigre, attachée autour de leur cou, qu'ils tournaient du côté d'où venait le vent. Ils étaient mauvais tireurs, mais se servaient avec une dextérité merveilleuse du sabre courbe. Ils avaient l'art des cavaliers orientaux, qui consiste à abattre une tête d'un seul coup. » (Quicherat, *Magasin pittoresque*, 28e année, p. 388.)

Aujourd'hui le sabre prime décidément l'épée, puisqu'il est l'arme de tous les corps de cavalerie et celle d'un certain nombre de troupes à pied.

X

ARMES DU MOYEN AGE REMARQUABLES PAR LEUR DÉCORATION OU PAR LEUR ÉTRANGETÉ

———

Ce serait entreprendre un grand et difficile ouvrage que de vouloir offrir au lecteur l'histoire
complète de la décoration appliquée aux armes dans
tous les pays et à toutes les époques diverses. A
supposer, ce qui n'est pas, que nous eussions des
forces suffisantes pour exécuter un pareil ouvrage,
il ne nous serait pas permis ici de le tenter; nous
avons dû nous proposer (et fort heureusement) une
tâche moindre. Nous avons eu simplement le projet
de présenter dans ce volume la figure et la description de quelques-unes des armes les plus remarquables en chaque genre, soit par la beauté, soit
par l'étrangeté de leurs formes et de leurs décora-
tions. Nous avons essayé cependant de mettre dans
cette partie de notre travail un certain ordre, et

entre nos descriptions quelque lien qui les rattachât dans les souvenirs du lecteur. Pour l'antiquité, que nous lui avons déjà présentée, c'était plus facile que pour la Renaissance et les temps modernes que nous abordons à présent.

Nous avons mis dans un même chapitre, à la suite de l'histoire des armes au moyen âge, 1° toutes les pièces de l'armement défensif : cuirasse, casque et bouclier, soit réunis en panoplie, soit séparés ; 2° les armes blanches : épées, sabres et dagues ; 3° les armes d'hast. Quant aux canons et aux fusils décorés, nous les avons placés à la fin de la notice historique concernant les armes ordinaires de même genre.

On comprend aisément la raison de cette division commandée par celle que nous avions déjà faite des armes de tous genres en armes anciennes ou du moyen âge et armes modernes.

Dans chaque division nous avons formé deux subdivisions, l'une pour les objets d'origine occidentale, l'autre pour les objets orientaux. Nous n'avons pas voulu multiplier davantage les distinctions : aussi avons-nous mis sous la rubrique d'armes orientales des objets provenant de pays très-divers, mais qui d'ailleurs portent, comme on le verra, l'empreinte de l'influence orientale, ou en tout cas ne peuvent pas se ramener aux styles décoratifs employés en Occident.

Dans un chapitre consacré à la décoration des armes, il est indispensable de dire quelques mots de l'émail sur métaux, des diverses espèces d'émaux et des difficultés de leur fabrication. On en comprendra mieux le mérite de certaines armes que nous décrirons tout à l'heure.

L'émail qu'on applique sur les métaux diffère par sa composition et par sa cuisson de l'émail sur terre ou sur porcelaine, et en diffère si bien que des juges compétents ont pu soutenir que les anciens, tout en fabriquant de très-belles poteries émaillées, avaient ignoré absolument l'émail sur métaux. Quoi qu'il en soit de cette question contestée, voici les matières premières dont l'émail se compose, en proportions variables, selon le métal sur lequel on veut l'appliquer :

	POUR L'OR,	L'ARGENT,	LE CUIVRE.
Sable siliceux	53	48	52
Oxyde de plomb	52	38	35
Alcalis, soude et potasse.	15	12	11

Ces substances, fondues au feu et amalgamées, donnent un premier produit incolore et transparent qu'on appelle le *fondant*. On pulvérise le fondant, et on y mêle, pour le colorer, des oxydes métalliques divers, selon la teinte qu'on désire obtenir. Le bleu se fait avec 1 pour 100 d'oxyde de cobalt ; le violet avec 6 pour 600 de manganèse ; le vert, 1 à

3 pour 100 d'oxyde de cuivre ; le rouge, 1 1/2
pour 100 d'or.

Voilà la matière préparée : il s'agit de préparer à
son tour la plaque métallique qui doit recevoir cette
poudre. On la traitera différemment, suivant le
genre d'émail que l'on a en vue, suivant qu'on voudra obtenir une *taille ménagée*, un émail *cloisonné*
ou *résillé*, ou bien enfin une *basse taille*.

Supposons qu'on veuille obtenir une figure
d'homme émaillée en *taille ménagée* : on trace sur
la plaque avec une pointe le contour de la figure,
puis on évide le centre. Le trait dessinant la figure
reste ainsi dégagé ou *ménagé*, comme on dit. On
dispose ensuite dans ce creux, par couches successives, la poudre d'émail, et on porte le tout dans
un four construit de manière que l'artiste puisse
suivre les effets de la cuisson. La difficulté de l'opération consiste à calculer les dilatations ou condensations respectives que le métal et l'émail subiront
par l'action du feu. Il ne faut pas que l'émail se
boursoufle ou s'affaisse. Cette opération, si simple
à exposer, n'en demande pas moins une prévoyance
et un instinct tout particuliers.

Pour avoir un émail *cloisonné*, au lieu de tracer
la figure avec une pointe, on prend une feuille métallique, une feuille d'or, par exemple, haute de
$0^m,01$ ou de $0^m,02$, on la colle perpendiculairement
sur la plaque, en lui imposant, bien entendu, les

sinuosités nécessaires pour reproduire les traits de la figure. On obtient ainsi une espèce de petite cellule où l'on met la poudre d'émail, comme on la mettait tout à l'heure dans le creux du métal, et on fait cuire. La feuille de métal affleure par sa tranche à la surface de l'émail et forme tout autour un trait d'or délié, qui relève les couleurs de l'émail. Ce procédé, de l'invention des Grecs orientaux, n'a été que peu ou point pratiqué en Occident. Les artistes de la Renaissance l'ont pourtant imité quelquefois, mais, comme nous le verrons tout à l'heure, au lieu de cloisonner avec des feuilles de métal, ils se servaient pour cela de fines mailles d'or.

Le procédé le plus artistique est l'émail en *basse taille*. Je continue de supposer qu'on veut obtenir une figure. On la cisèle sur la plaque d'après la méthode ordinaire ; néanmoins on a soin de ne donner à cette ciselure qu'un relief très-bas, puis on étend simplement la poudre d'émail sur la plaque. On comprend déjà que l'émail en question une fois cuit devra être nécessairement translucide ou transparent, car l'effet attendu, c'est que la ciselure transparaisse sous sa couche. L'émail n'a jamais qu'une teinte, et quand dans un dessin on veut avoir plusieurs teintes, on fait en réalité autant d'émaux différents. Ici l'émail déposé sur la figure est, il est vrai, d'une seule teinte violacée (on est obligé de renoncer à la couleur chair parce qu'il faudrait avoir recours à un oxyde qui rendrait l'émail opaque), mais les creux et les reliefs de la ciselure transparaissant en dessous lui donnent des nuances qu'on ne peut pas obtenir par les autres procédés. C'est d'abord par là que ce dernier genre d'émail est plus artistique, et puis on voit qu'il faut que l'émailleur se double nécessairement d'un ciseleur.

A présent, nous pouvons passer à la description des armures les plus remarquables ou les plus célèbres que renferment les musées publics de l'Europe.

Bouclier de Charles IX (hauteur $0^m,680$, largeur $0^m,490$. — Musée des Souverains, 69). — Il est en or et en émail; sa forme est celle d'un ovale allongé, pointu par le bas. Sa décoration splendide est le produit de quatre métiers, ou plutôt de quatre arts : le repoussé, la ciselure, la gravure et l'émaillage. On peut y distinguer trois parties : la bordure, l'écusson central et l'intervalle assez large ménagé entre les deux. La bordure est formée, en allant de l'extérieur au centre, d'une baguette d'or, semée de nœuds qui imitent une branche d'arbre ; de deux bandeaux étroits entre lesquels règne un ordre de trente-deux médaillons ovales, circonscrits et reliés entre eux par de petites bandes. Ces médaillons portent alternativement la

lettre K en relief, émaillée sur un fond d'or, et des
émaux translucides cloisonnés d'une exécution merveilleuse. Une rosette en grenat, qui n'est pas moitié
grosse comme une lentille, forme un centre d'où
partent des filets déliés comme des cheveux, qui se
contournent dans un fond vert translucide et brillant, et portent des fleurons, des feuillages menus
comme des têtes d'épingle, avec cela d'une netteté
de contour étonnante et d'une distinction admirable. L'écusson central représente une plaine gazonnée, où des cavaliers armés à la romaine se li-
vrent un combat acharné. Leurs attitudes, leurs
mouvements expriment avec justesse les sentiments
les plus énergiques, la fureur ou la crainte portée
jusqu'à l'épouvante. Une rivière sépare cette prairie
d'une autre plaine, où se voient d'un côté une ville,
de l'autre un camp. Autour d'une des portes forti-
fiées de la ville, dans le désordre, dans le pêle-mêle
d'un assaut, des hommes, montant, montés, préci-
pitant, précipités, dans les attitudes les plus diverses. Les canons de la place font feu de toutes
parts, et la fumée monte en spirale dans un ciel
uni. Au fond, la plaine finit à une forêt. On deviendrait prolixe si on voulait donner par la parole
l'idée de toutes les finesses, de tous les savants
partis que les artistes auteurs de ce bouclier ont su
tirer de la combinaison de l'or bruni, uni, guilloché
ou brillant, des émaux de toutes les couleurs, opa-

ques ou translucides, et des divers degrés du relief. Avec ces matières, si rebelles au moins dans leur contexture, l'or et l'émail, ils sont arrivés à des rendus étonnants. Je n'en citerai qu'un exemple. La plaine où se combattent les cavaliers est gazonnée ; le fond d'or découvert irrégulièrement indique très-bien cela. Des bosses (produites au repoussé) figurent des plis, des ressauts de terrain. Un travail préparatoire, opéré sur l'or du fond, qu'on a ensuite recouvert d'émail vert, donne çà et là l'effet des brins d'herbe. Il n'y a pas jusqu'aux fleurettes qu'on n'ait voulu imiter. Il y a là des marguerites, distinctes, reconnaissables, qui pourtant ne ressortent pas et paraissent mêlées aux gazons comme il convient. L'intervalle entre la bordure et l'écusson central est plus difficile à décrire. On ne peut pas avec la plume donner une idée de la manière élégante et compliquée dont les bandeaux brodés et variés de couleurs qui forment son ornementation, se coupent, se traversent ou s'entrelacent. Les divers champs qu'ils déterminent sont occupés par une tête de Méduse en haut, par une tête de vieillard en bas, par deux captifs qui se correspondent des deux côtés et qui sont d'un modelé admirable ; enfin par des trophées d'armes et des groupes de fruits ; ceux-ci, de formes imaginaires (on y distingue pourtant des poires et des raisins), sont faits avec des émaux d'une translucidité et d'une finesse

incomparables. Par-dessous tout cela, là où il n'y a
ni émail, ni repoussé, le fond est gravé de rinceaux
d'une délicatesse infinie. Il n'y a pas un endroit qui
ne porte la trace d'un travail exquis, pas un mor-
ceau vide, et cependant il n'y a nulle part ni surcharge, ni confusion ; et ce dernier travail de la gravure, si léger qu'on ne l'aperçoit pas tout d'abord,
suffirait, tout le reste étant ôté, à faire de ce bouclier une arme artistique de premier mérite.

Casque de Charles IX. — C'est un morion en or.
Non-seulement il est orné dans le même système
que le bouclier dont j'ai parlé, mais les ornements
sont identiques ou similaires de forme et de couleurs. On y retrouve la tête de vieillard, la tête de
Méduse, les trophées d'armes et les groupes de fruits
du bouclier. Tous deux ont été faits évidemment par
les mêmes ouvriers et pour s'accompagner. Dans
un médaillon central qui se détache parfaitement à
l'œil, parce que l'or tout autour de lui a été noirci
à dessein, on voit, comme sur le bouclier, une ville
assiégée qui fait feu de tous ses canons ; une rivière
à l'eau d'argent la sépare d'un camp, devant lequel
se livre un combat de cavalerie. Sur le premier
plan, une scène, qu'on pourrait croire empruntée à
l'histoire ancienne, n'était le voisinage des canons.
C'est un guerrier dévoré par un cheval. Celui-ci l'a
empoigné par la tête, avec une fureur visible, et ni
les efforts de quelques soldats accourus au bruit, ni

les morsures d'un autre cheval, celui de la victime peut-être, ne peuvent lui faire lâcher prise. Je n'aurai qu'à répéter ici ce que j'ai dit au sujet du bouclier : c'est parfait de modelé, c'est juste et précis jusque dans les détails les plus délicats. Il est impossible de tirer un parti plus habile des di-verses couleurs de l'émail et des différents aspects qu'on peut donner à l'or. La bordure se compose d'un bandeau et d'un ordre de petits médaillons ovales incrustés d'émaux mats, de couleurs diverses, imitant des pierres précieuses. Le casque est garni d'oreillettes décorées dans le même goût que le reste. En l'une est un Mars assis sur des armes entassées, en l'autre une Victoire avec une palme à la main.

Armure composée d'un bouclier ou d'une rondelle, d'un casque et d'une épée (Musée d'artillerie, I, 14). — La rondelle est un des plus beaux spécimens de l'art italien du seizième siècle. La décoration consiste en figures de fer découpé et noirci, qui se détachent en demi-relief sur le fond d'or où elles sont plaquées. La surface de ce bouclier se divise, à l'œil, en trois parties : une bordure entre deux cordons saillants, un umbo au centre, et entre les deux un espace où l'on distingue, après quelques minutes d'examen, quatre cantons fournis par l'ornementation. Elle se compose de deux trophées sy-métriques à droite et à gauche de l'umbo ; les ar-

mures écaillées et dorées, que ces trophées présentent, sont d'un modelé admirable, vu leur petite
dimension. Ces trophées surmontent une•pile de
fruits, disposés avec une fantaisie indescriptible, et
ils sont eux-mêmes surmontés d'un masque cornu,
aux oreilles bizarrement découpées. En haut et en
bas se reproduit symétriquement un groupe formé
de personnages divers. Deux sphinx femelles, dont
le corps se termine en rinceaux, et qui sont nouées
ensemble cou à cou par un serpent enroulé, sup-
portent deux crabes gigantesques. Tout auprès deux
Satires jouent de la cornemuse, et deux Amours
tirant l'épée se mettent en garde. Tout autour, des
rinceaux s'entrelacent dans une complication très-
élégante, ou s'épanouissent en•petits Amours, lesquels embouchent de longues trompes recourbées
et flexibles comme une tige de liseron.

Tels sont les principaux sujets, mais non pas les
seuls ; partout sont semées des cornes d'abondance,
de la forme la plus étrange et la plus légère. Là, ce
sont des cygnes fabuleux mangeant des serpents
ailés ; ailleurs, des serpents qui s'enroulent autour
de branches de saule, des crabes, des chenilles
impossibles qui pour ailes semblent avoir des pa-
pillons. C'est d'une invention et d'une étrangeté admirables. Ce bouclier n'a jamais été porté à la
guerre, comme on peut penser ; c'est une de ces
armes de parement que les princes mettaient sur le

dos de leurs serviteurs et faisaient ainsi porter devant eux dans les cérémonies. (Voy. p. 193.)

Le casque (*ibid.*) qui va avec cette rondelle est une espèce de bourguignotte à oreillères et à garde-nuque, dont la forme générale est dessinée sur celle des casques anciens. C'est naturellement le même système de décoration que pour la rondelle, et les sujets principaux de celle-ci se retrouvent dans celui-là. Les sphinx, les serpents ailés, les cornes d'abondance, les trophées, se reproduisent particulièrement sur le garde-nuque. Les deux sphinx, accouplés, se présentent aussi des deux côtés du timbre. Un élément nouveau apparaît seulement dans ce groupe : ce sont deux faunes qui, assis sur les ailes des sphinx, soutiennent un arbre dont les formes purement décoratives n'ont rien de commun avec la réalité ; tout autour courent des rinceaux qui portent comme fruits des trophées et des Amours. Le cimier est formé d'une large crête, sur le devant de laquelle est assise une belle Chimère ailée, qui se termine en une superbe feuille d'acanthe dorée, étalée jusque sur la visière. Le tout est couronné d'un dragon, à la bouche ouverte, à l'aile déchiquetée, à la queue recourbée et noueuse qui se profile magnifiquement.

L'épée (voy. p. 223, n° 2) qui accompagne ces deux armes n'est pas moins superbe. Deux masques soutenus par deux Amours, à cheval, jambe deci-

Fig. 54. — Casque et rondelle du seizième siècle.

jambe delà, sur une espèce de X évidé, forment la
garde. La fusée est en fil d'argent ; les quillons, recourbés en sens inverse, portent une cuirasse antique écaillée d'or et un casque à fond d'or dont
l'exécution est admirable, eu égard à la petitesse
de leurs dimensions. L'ornementation de la première garde consiste en deux feuilles d'acanthe,
d'où sortent des dauphins mordant des serpents
écaillés d'or, qui s'enroulent et forment un nœud
élégant au milieu de la garde. Des satyres arc-boutés
contre la lame et enlacés d'un lierre doré qui, s'é-
panouissant, leur plastronne la poitrine, forment
les pas-d'âne. Un petit Amour, projeté en avant,
comme s'il tombait, avec deux cornes d'abondance
terminées en vrille, qui lui sortent des épaules
comme des ailes, forment la seconde garde. Tout
cela est charmant et de la dernière finesse.

L'armure aux lions (Musée d'artillerie, G, 65). —
Le plastron est divisé en deux par un large bandeau
perpendiculaire, décoré d'une course de vignettes
en argent incrusté. Le système de l'ornementation
consiste en bandes largement espacées, décorées de
palmettes damasquinées en or qui contournent le
buste et les autres pièces de l'armure, en s'inflé-
chissant sur le devant. L'ordre de Saint-Michel est
en outre figuré sur le buste par des écailles et un
médaillon argenté. Le casque est façonné en tête de
lion, mais une tête de lion qui est presque humaine.

Le masque de la même bête forme les épaulières, les cubitières et les gantelets. De là le nom de l'armure.

Armure de Henri II (Musée des Souverains, 56). — L'ornementation consiste en un système de bandes, alternativement larges et étroites. Dans les larges domine, sur un fond bruni, une damasquinure d'argent. Dans les étroites, c'est le fond qui domine. Cela produit, à première vue et d'un peu loin, l'effet d'une armure grise largement rayée de noir. Dans les bandes étroites, les motifs sont : une longue barre, des cordons qui flottent autour et que coupent par intervalles des carquois, des croissants inscrits dans des cercles et des chiffres, une H à laquelle s'adosse une autre lettre ambiguë, un C ou un D. Est-ce l'initiale de Catherine ou celle de Diane? On ne sait. Les larges bandes sont remplies par deux tiges qui, dans leur course sinueuse, s'entre-coupent régulièrement et s'épanouissent en toutes sortes de formes empruntées au règne végétal, vignettes, folioles géminées, pointes et flèches de feuillage, tout cela damasquiné d'or et d'argent, comme je l'ai dit, sur un fond de fer bruni. Un beau collier est figuré, en outre, par une damasquinure d'or, au haut du plastron. Les genouillères, dans un autre système, sont admirables. Là, ce n'est pas une course, c'est un semis de sujets, au centre duquel s'épanouit une fleur architecturale, à

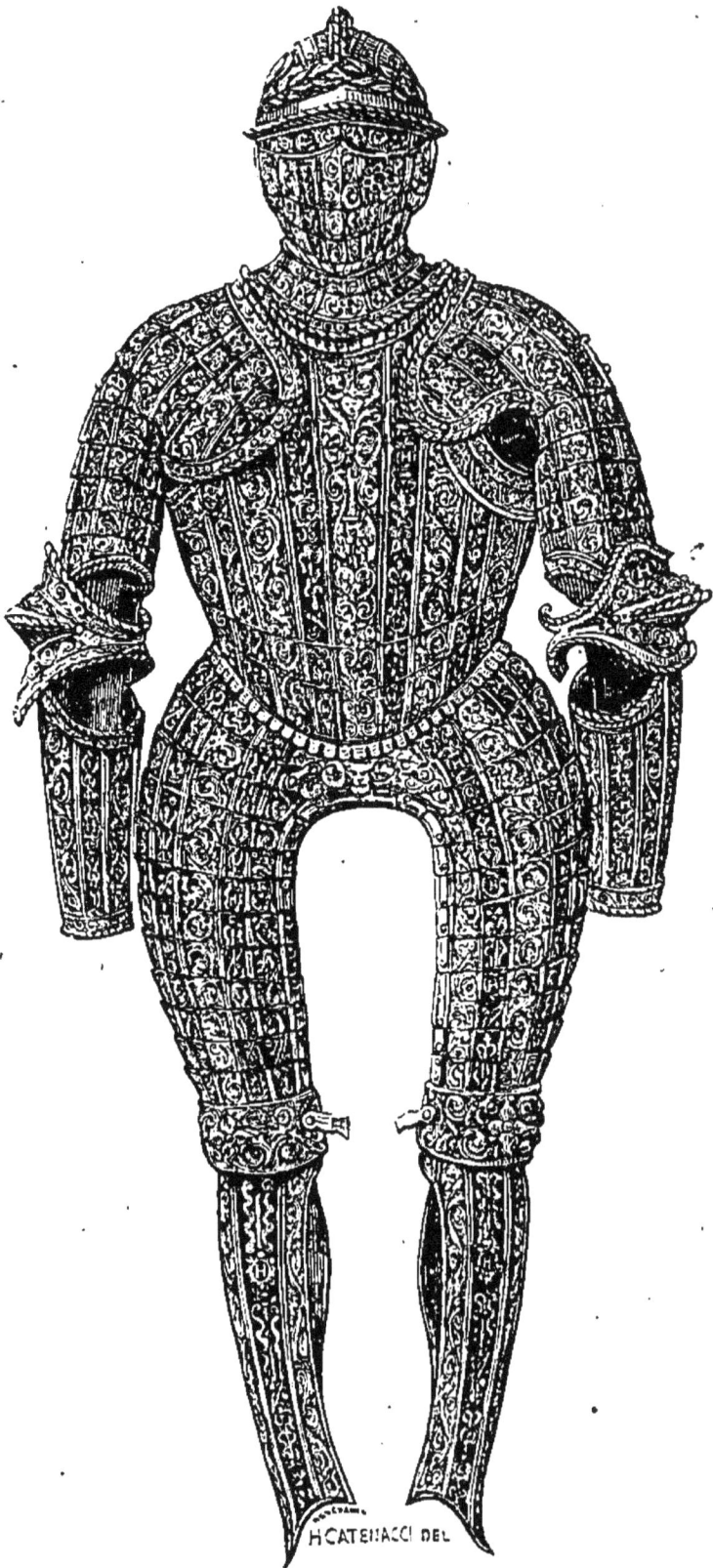

Fig. 35. — Armure de Henri III.

quatre pétales découpés élégamment et vigoureuse-
ment nervés; les tassettes sont composées de sept
lames, dont chacune forme un champ séparé. L'ornementation est du reste la même pour tous ces
champs : une fleur étrange, entre le liseron et le
chèvrefeuille, avec des enroulements de serpent;
des oiseaux qui rappellent les guivres des cathé-
drales, des enfants assis ou à cheval sur des tiges.
On remarque sur la partie antérieure des cuissards
un de ces vieillards fantastiques qu'affectionnaient
les artistes ciseleurs de l'époque : celui-ci, bouche
ouverte, face convulsée, porte une coiffure faite
d'écharpes et de linges enroulés dans une complication élégante et bizarre, supportant un double
rinceau dont les branches s'écartent, puis se rejoi-
gnent pour former des volutes légères; les lignes de
ces volutes s'étalent enfin en têtes de dragons ou de
chèvres d'une invention diabolique.

Armure du roi Henri II (ibid., 55). — Celle-ci,
exécutée, croit-on, par des artistes français, est
en fer poli; les compositions en bas-relief qui la
décorent sont travaillées au repoussé et empruntées
à la *Pharsale* de Lucain. La dossière représente la
bataille de Pharsale; l'épaulière droite, Pompée
abordant après sa défaite à Mitylène avec sa femme
Cornélie, qu'on voit s'évanouir de douleur et de
fatigue entre les bras de deux de ses suivantes; le
brassard droit, les assassins de Pompée allant à sa

recherche; l'épaulière gauche, le meurtre de Pompée : l'un des assassins tient la tête de la victime dans la main, tandis que l'autre s'apprête à jeter le corps à la mer, car la scène se passe dans une barque. Le plastron, séparé en deux par une arête et portant deux compositions, représente d'un côté la scène où César reçoit les meurtriers de Pompée qui apportent sa tête, et de l'autre Cléopatre à genoux devant César qu'elle séduit. Sur les gantelets sont figurés les honneurs rendus à la mémoire de Pompée. La décoration est complétée par des figures accessoires, telles que des Victoires, des génies, des guerriers. Un groupe notamment, composé de deux Victoires et de deux guerriers assis sur des armes entassées dans une attitude magnifique de tristesse, décore le haut du plastron.

Armure de Gonzalve de Cordoue (Armeria real). — La décoration de cette pièce consiste en un semis de fleurs, de fruits, de feuillages, entremêlés de quelques ornements héraldiques. (Voy. p. 201.)

Le bouclier de Charles-Quint (Armeria real de Madrid). — Un mascaron d'une expression très-douloureuse occupe le centre. Quatre médaillons rangés autour représentent des sujets divers, mais qui ont entre eux une analogie voulue sans doute par l'auteur. En haut, c'est l'enlèvement des Sabines; en bas, celui d'Hélène; à droite, encore un enlèvement, celui de Déjanire; à gauche, le combat des

Centaures, sans doute chez Pirithoüs, c'est-à-dire un enlèvement manqué. Tout cela est très-beau, quoi-

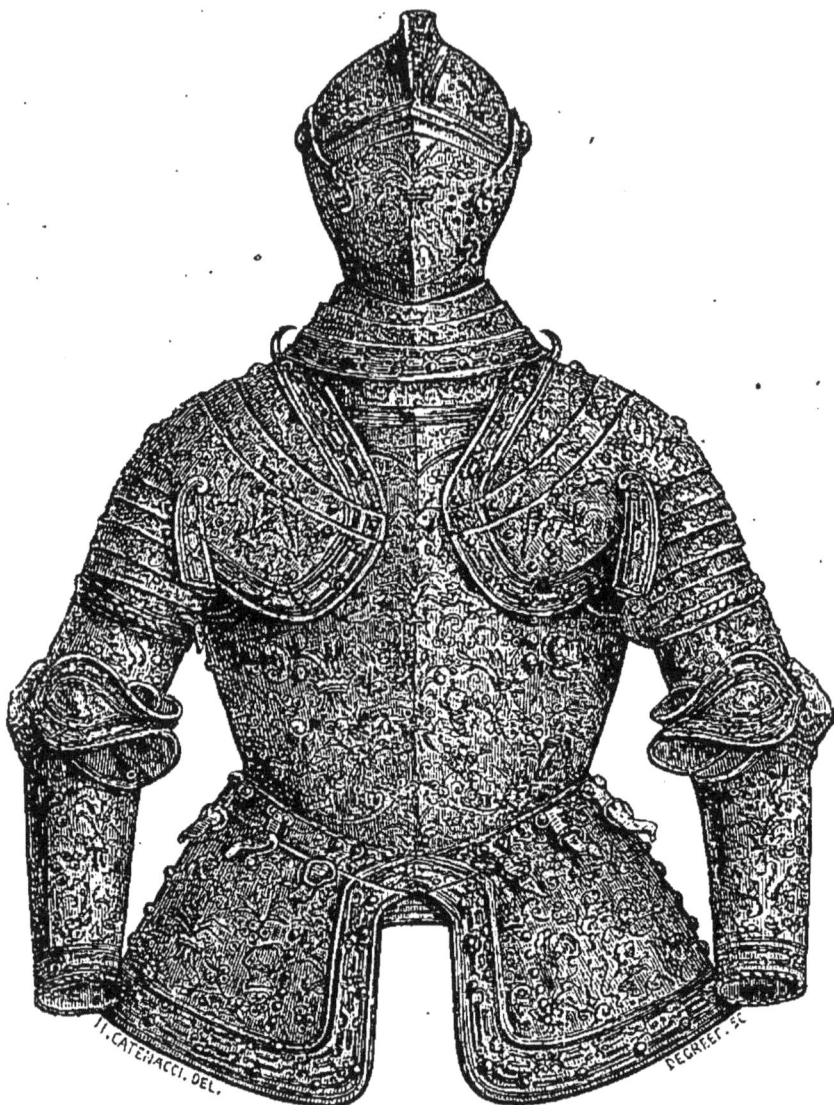

Fig. 56. — Armure de Gonzalve de Cordoue.

que moins beau peut-être que la course de dieux marins qui englobe les médaillons et forme bordure.

Ce qu'il faut louer aussi, c'est l'économie simple et
élégante du tout qui frappe d'abord les yeux.

Bouclier dit à la Méduse (*ibid.*). — Cette rondache, qui a appartenu à Charles-Quint, et qui

Fig. 57. — Bouclier dit à la Méduse.

est une œuvre du seizième siècle, n'est pas à la
hauteur sans doute du bouclier dit de Charles-
Quint, mais le fini, la délicatesse de ses rinceaux
à feuilles, surtout l'expression profonde de sa tête
de Méduse, en font une œuvre encore bien remarquable.

Bouclier dit de la Prise de Carthage (*ibid.*), damasquiné, gravé, ciselé. Une seule composition occupe presque toute la face du bouclier. C'est un combat de cavalerie, sous les murs d'une ville, qui

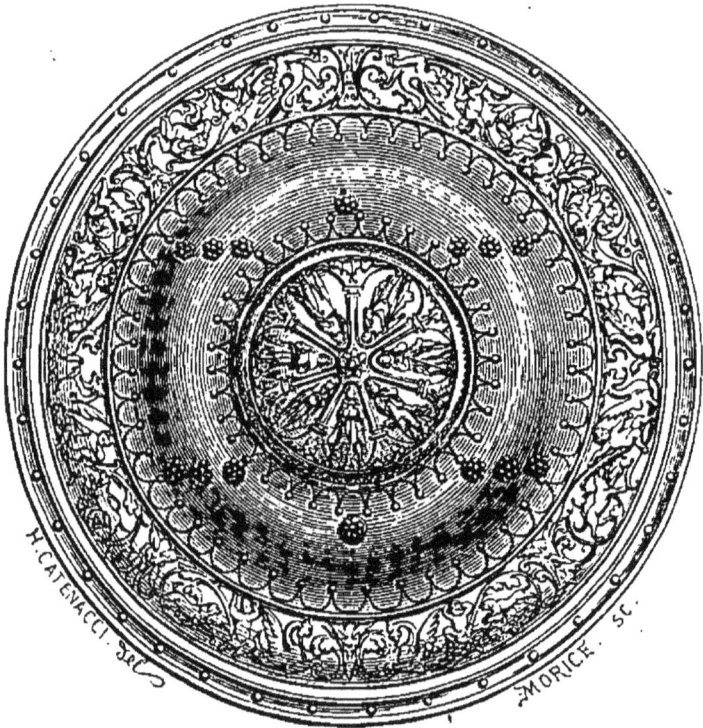

Fig. 38. — Bouclier de Ximenès (voy. p. 204).

porte dans une légende le nom de Carthagène : de là l'appellation du bouclier. La composition des groupes, le modelé des hommes et des chevaux, le mouvement, les attitudes, tout indique un grand ciseleur, et la bordure, avec ses charmantes figures d'enfant, ne dément pas cette opinion. Mais le cise-

leur, on ignore son nom. On aurait sans doute
avancé que c'était Benvenuto Cellini, si l'imagination ne s'était égarée d'un autre côté, et n'avait voulu
voir dans ce bouclier une œuvre de l'antiquité, et
même le propre bouclier de Scipion l'Africain.

Le bouclier de Ximenès (ibid. — Voy. p. 203). —
Celui-ci est un chef-d'œuvre de décoration gracieuse,
on pourrait presque dire aimable. Les femmes,
rangées autour de la rosette centrale, sont d'une
élégance parfaite. La bordure, pleine de figures et
de rinceaux, sans surcharge, est irréprochable.

Le casque du roi d'Aragon don Jacques (ibid. —
1213-1276), remarquable par sa bizarrerie, qui
n'exclut pas l'élégance. La ville de Valence a mis la
figure de ce casque dans ses armoiries.

Casque de Ximenès (ibid.), qui va avec le bouclier
de même nom et mérite les mêmes éloges.

Fig. 59. — Casque de Ximenès.

Casque de Charles-Quint (ibid.). — Les cheveux et la barbe sont dorés. L'effet produit n'est pas agréable. Nous citons cette pièce à cause de son étrangeté et de son nom.

Casque italien (Musée de Russie), en fer repoussé. C'est une tête de dauphin, mais interprétée avec la fantaisie la plus libre. Ce casque est d'une étrangeté saisissante, et avec cela d'un goût irréprochable.

ARMES DÉFENSIVES ORIENTALES

On peut voir au Musée d'artillerie, G, 142, l'*habit de guerre de l'empereur de la Chine*, pris à Pékin, au Palais d'Été, dans la campagne de 1860. Cet habit se compose de trois tuniques, en étoffe de soie, avec des broderies et des applications très-riches, dans le goût chinois; la première tunique est plus courte que la seconde, et celle-ci que la troisième. Ce triple tissu forme toute la défense, sauf aux épaules et sur les cuisses. Des épaules pendent deux lames d'acier qui vont se rejoindre sur la poitrine. Ces lames sont ornées de figures de dragons en filigrane d'or, d'un travail très-délicat, et qui se détachent très-bien sur le poli de l'acier. A la hauteur des cuisses, sur la seconde tunique, des lames d'acier doré, posées à recouvrement, forment

deux bandes circulaires, espacées entre elles ; un
casque et des jambières complètent le costume. Les
jambières, composées de lames pareilles à celles de
la tunique et divisées perpendiculairement en quatre
morceaux délicatement articulés, décorées à leur
partie inférieure de dragons en filigrane d'or, sont
ce qu'on peut voir de plus léger et de plus minu-
tieusement élégant en fait d'armures. Le casque
est conique, garni d'un couvre-nuque et d'oreillères
en soie, couvertes de riches broderies. Il est ornementé d'applications en or, mêlées de pierres fines.
Il porte à son sommet une grosse perle et une aigrette composée avec des bandelettes de martre
noire.

Armure japonaise (ibid. G, 140). — Ce qui
frappe d'abord dans cette armure, c'est le casque
d'une forme tout à fait étrange. Qu'on imagine une
large calotte qui serait munie tout autour, sauf sur
le front, d'un rebord énorme de deux pans de largeur environ, légèrement rabattu. Ce casque est en
cuivre laqué. Un masque en cuivre noirci, qui fait
une fort vilaine grimace, destiné à couvrir la partie
inférieure du visage, complète la défense de la tête.
Le vêtement de corps est une longue tunique, dont
il est difficile de démêler à première vue l'élément
fondamental. C'est bien de l'étoffe, mais elle porte,
disposées en bandes circulaires, des lames de bois
et de cuivre laquées, posées transversalement, et

Fig. 40. — Armure et armes japonaises.

reliées entre elles par une telle quantité de cordons et de tresses de soie, que l'habit semblerait d'abord fait en cordelettes.

Armure mongole (ibid., G, 136. — Voyez p. 211). — Le casque est une calotte en fer damasquiné, terminée par une pointe et garnie d'une bordure dentelée. Le nasal, comme dans tous les casques orientaux, est une lame étroite qui, du nez, s'élève jusqu'au sommet du casque, librement, et s'épanouit en une palette qui a forme de fleuron. Un camail de fines mailles d'acier, dans le tissu duquel des mailles dorées dessinent des losanges, protége la tête et le cou. L'armure du corps est une tunique de soie, matelassée, recouverte de velours noir piqué de clous, qui dessinent des losanges, au centre desquels fleuronne un bouton d'acier doré. Deux plaques d'acier poli comme des miroirs sont appliquées des deux côtés de la poitrine.

Équipement d'un guerrier bohémien du quinzième siècle (Musée de l'empereur de Russie). — Le casque et les brassards présentent des formes orientales bien accusées. Ce qui prouve que l'Orient, au moins à l'égard des armures, se prolonge assez avant dans les contrées occidentales, telles que la Russie, la Hongrie, la Pologne, la Bohême, comme d'autres exemples viendront tout à l'heure le confirmer.

Équipement d'un guerrier polonais (ibid.). —

Casque formé d'écailles arrondies. Plastron, brassards, cuissards, à grandes écailles prismatiques.

Fig. 41. — Guerrier polonais.

Épaulières et genouillères figurant des masques bizarres. Grevières formées alternativement d'écailles
prismatiques et de grands prismes de fer. Nous

Fig. 42. — Armure et armes mongoles (voy. p. 209).

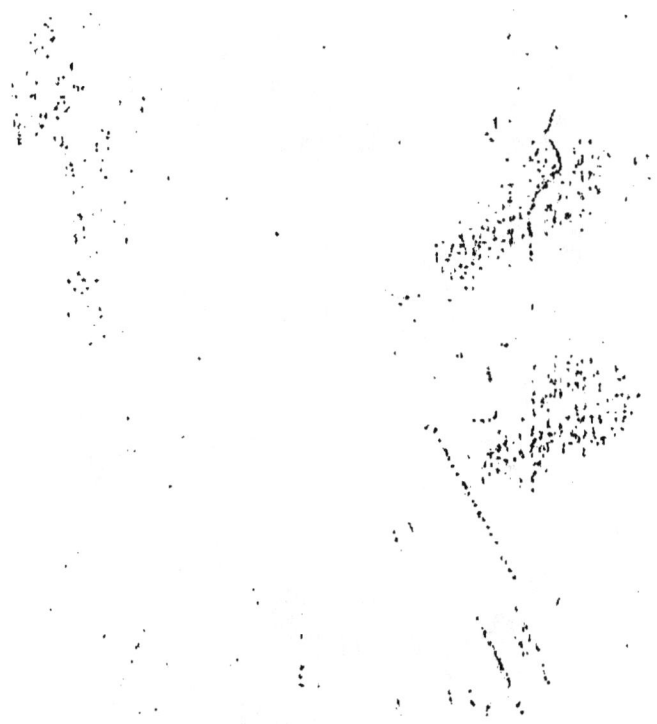

donnons ici cette armure comme étrange et non comme belle, bien entendu.

Cuirasse persane du dix-septième siècle (ibid.). — Deux plaques forment le plastron ; elles se joignent

Fig. 45. — Cuirasse mongole.

sur le dos du guerrier par des charnières, et se ferment sur le devant par le moyen d'une longue aiguille qui passe dans des pitons entrecroisés.

Dans la Perse, l'Inde, la Chine, et dans la plupart

des contrées du haut Orient, on a fait et on fait encore des boucliers composés principalement de joncs et de roseaux tressés de soies colorées. Avec les diverses couleurs de la soie, avec celles dont on peint aussi le jonc, on dessine des ornements empruntés la plupart du temps au règne végétal. Ce sont des feuilles, des fleurs, surtout des fleurs de rose. Ces sortes de boucliers sont partiellement recouverts de plaques d'acier découpées selon les figures les plus diverses. L'umbo, au centre, ou les umbos rangés autour du point central, sont aussi en acier gravé, damasquiné. Il est plus rare que ces pièces de métal soient décorées d'ornements repoussés. Voici un spécimen de ces sortes d'armes.

Bouclier persan (Musée de l'empereur de Russie). — Quatre plaques de métal, symétriques, d'une découpure compliquée et portant des figures en relief. Plusieurs petits umbos, ce qui caractérise, comme nous venons de le dire, les boucliers orientaux. Les roses, dessinées par des tresses de soie colorée, sont plus réelles et moins convenues de forme que les fleurs de même espèce qu'on peut rencontrer sur les armes occidentales. Cela fait songer involontairement que la Perse est le pays où l'on aime et où l'on chante la rose avec une ferveur particulière.

Les casques orientaux, nous l'avons déjà dit, affectent ordinairement la figure d'un cône pointu, sans visière, ou avec une très-petite visière, mais toujours muni d'un nasal.

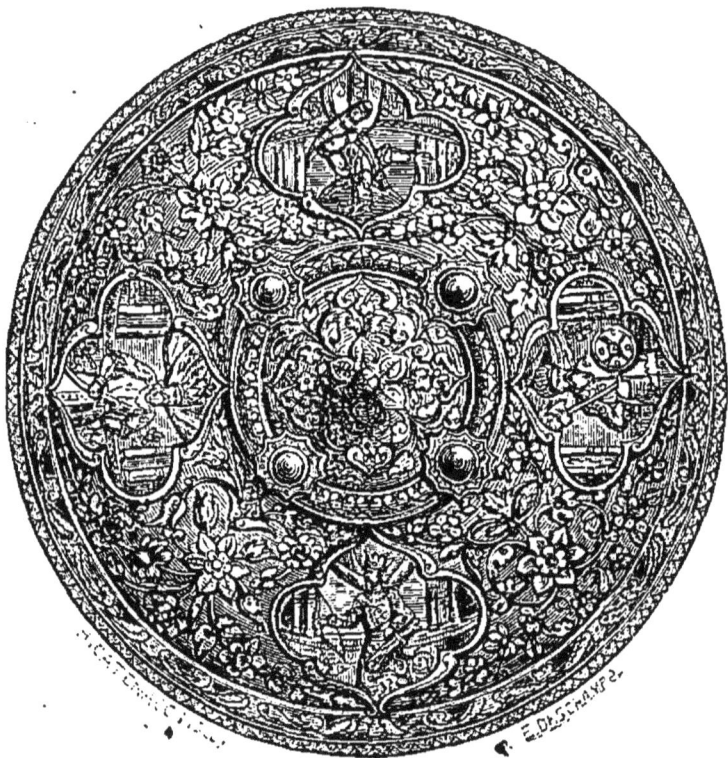

Fig. 44. — Bouclier persan

La décoration consiste le plus souvent en gravures, dorures et damasquinures; les ornements au ciselé et surtout au repoussé sont beaucoup plus rares. Voici quelques beaux casques dans la forme ordinaire (Musée de l'empereur de Russie). Casque mongol damasquiné (n° 2); casque indien (n° 1); casque persan (n° 5).

Voici à présent deux casques, dont la forme générale est extraordinaire (voy. ci-dessous). L'un est

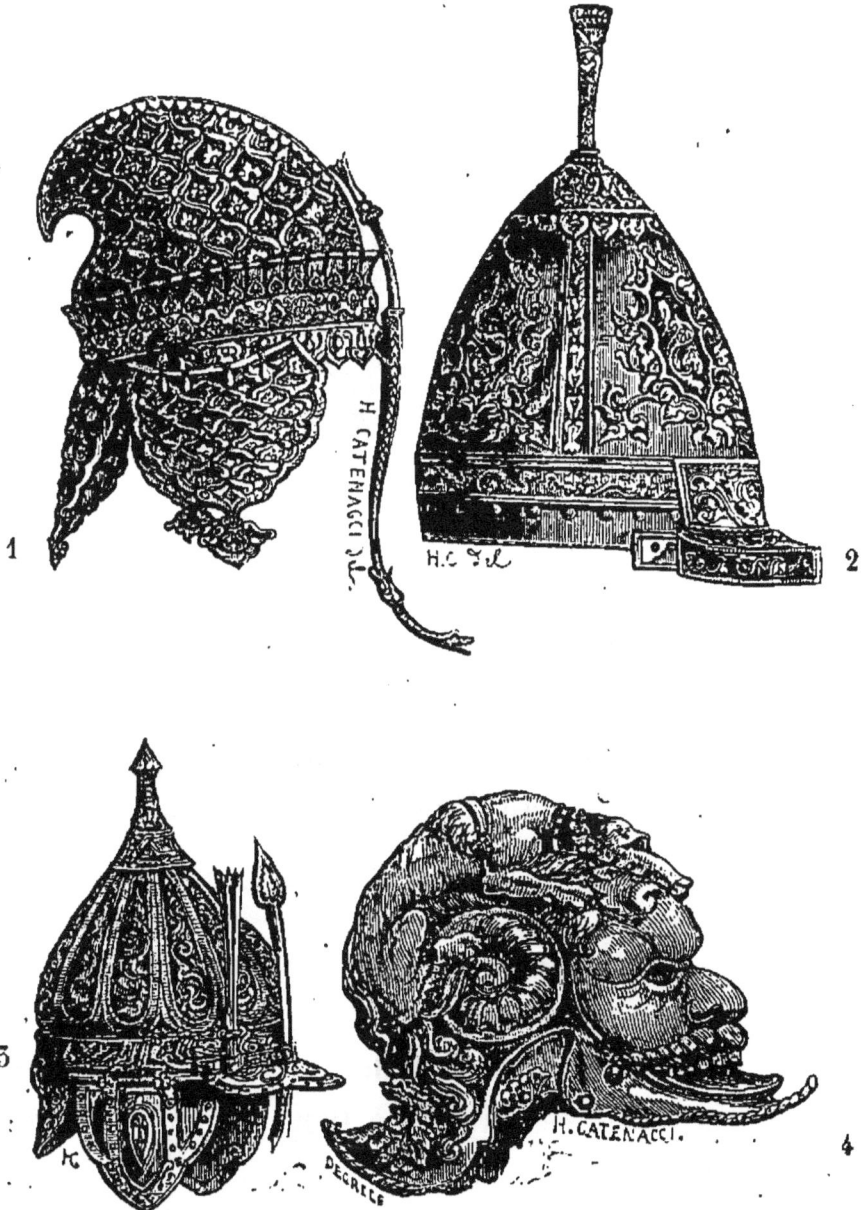

Fig. 45. — 1, Casque indien. — 2, Casque mongol. — 3, Casque persan
4, Casque russe (voy. p. 217).

formé, presque entièrement, par un masque gro-
tesque ; l'autre (p. 216, n° 4), qui offre plus d'invention et surtout plus d'esprit dans sa bizarrerie,

Fig. 46. — Casque russe.

est formé d'un masque aussi, mais d'une charge
beaucoup plus vraie, et surmonté d'un lévrier couché. La tête du lévrier et la feuille déchiquetée qui
lui sert d'oreille sont d'un effet excellent.

ARMES BLANCHES OCCIDENTALES

L'epée des avénements ou de Gonzalve de Cordoue
(Armeria real). — Cette épée (voy. p. 227) est une
lame large et forte, creusée d'un canal jusqu'au
tiers de sa longueur dans le style ordinaire des
lames espagnoles si renommées au seizième siècle.

Le pommeau, formé d'une boule aplatie, porte d'un côté les armes du grand capitaine à qui elle doit son nom : de l'autre, en relief, la représentation d'un combat entre des soldats, j'allais dire vêtus, non, déshabillés et nus à l'antique. Cette ciselure est du meilleur style. Rien n'est plus délicat aussi que les vignettes qui décorent la plate-bande du pommeau, les quillons recourbés vers la lame et les pas-d'âne. C'est sur cette épée qu'à chaque avénement les grands dignitaires de l'Espagne prêtent serment à l'héritier présomptif du nouveau roi.

L'épée dite au mascaron (p. 219. — *Ibid.*). — C'est une de ces œuvres incomparables qui nous viennent de la Renaissance : aussi l'a-t-on attribuée, sans preuves, à Benvenuto Cellini, ce qu'on ne manque pas de faire quand on trouve quelque superbe ouvrage anonyme. Le mascaron qui décore le pommeau et auquel l'épée doit son nom, est très-beau, surtout de face, où il apparaît coiffé par les deux volutes gravées qui sont posées latéralement. L'enfant qu'on voit dans chacune de ces volutes, à cheval sur une guirlande, contraste par la grâce de sa pose avec la sévérité du mascaron. Au dos de celui-ci, de l'autre côté du pommeau, un petit médaillon représente Hercule étouffant le lion de Némée. C'est gravé dans de très-petites proportions, et cependant la vigueur, l'énergie du héros sont rendues d'une manière saisissante. Les médaillons qui décorent là

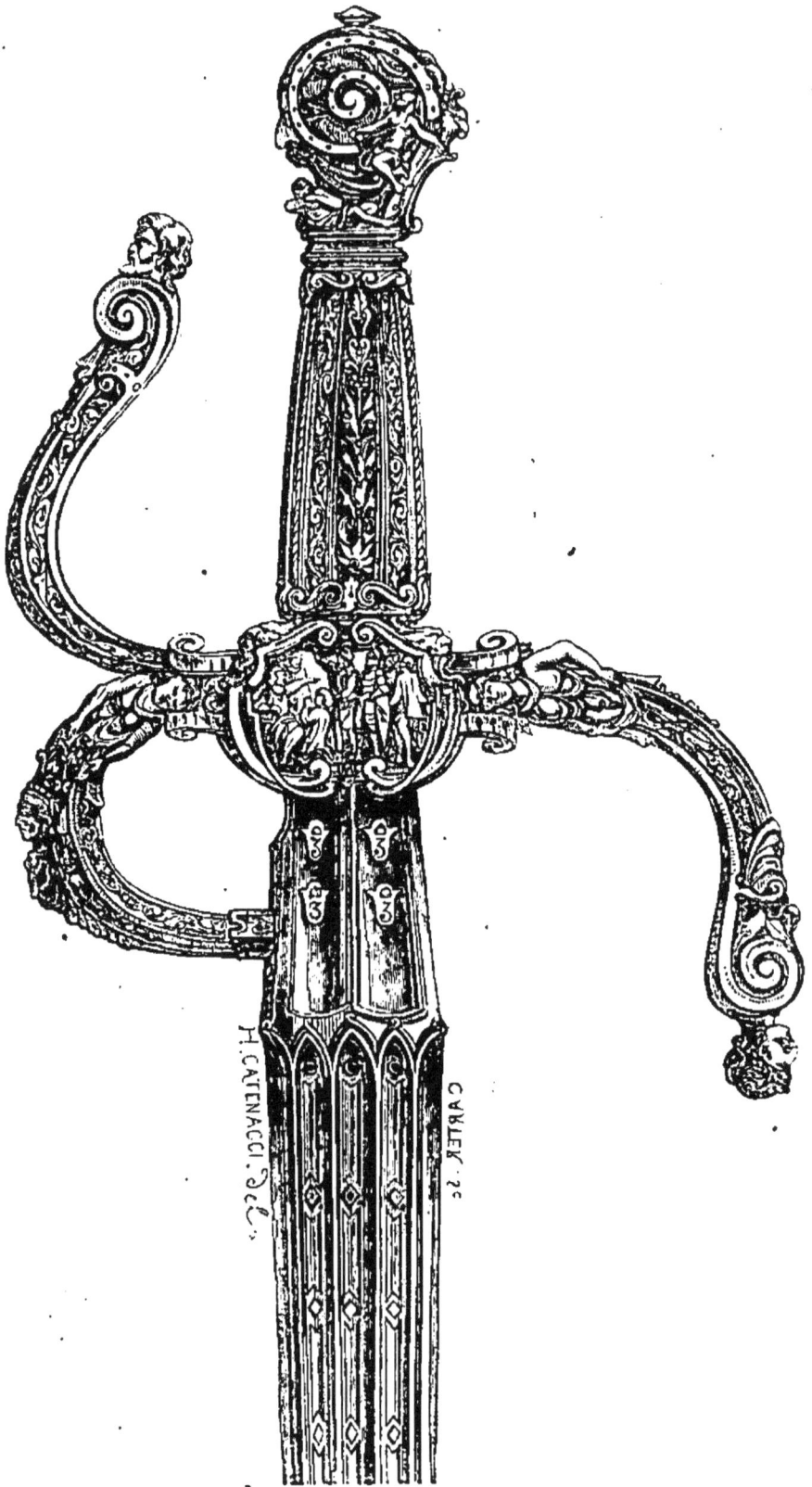

Fig. 47. — L'épée au mascaron.

garde des deux côtés, les bustes qui terminent les quillons recourbés en sens inverse, les enfants couchés sur les pas-d'âne, ces derniers surtout, sont d'une exécution égale au reste, c'est-à-dire merveilleuse.

L'épée de Charles-Quint (Ibid.). — Magnifique épée de fabrication allemande. Les jolies figurines en demi-relief qui décorent le pommeau, les quillons et les gardes sont en argent. Les fleurs et les feuillages de la fusée sont en filet d'argent plaqué sur fond d'acier. La lame est d'acier bruni presque noir.

Dague (Musée d'artillerie, J, 488). — Cette dague, d'origine espagnole et de la fin du dix-septième siècle, est remarquable par sa poignée repercée à jour et ciselée. Le creux qu'on voit au talon de la lame était destiné à recevoir le pouce (voy. p. 135, n° 3).

Ibidem, J, 72. — Voici (p. 223, n° 4) un spécimen de ces épées de ville, dont nous avons dit quelques mots ; elle est d'ailleurs remarquable par les sculptures que présente sa poignée en ivoire. La fusée est formée par le groupe d'Hercule et d'Antée, luttant ensemble. La garde représente Hercule terrassant le lion de Némée dans sa partie antérieure, et à la postérieure, le puissant repos du dieu. La lame, d'origine espagnole, est gravée et dorée.

Ibidem, J, 127. — Épée allemande du dix-septième

siècle. La poignée repercée à jour, ciselée et qua-
drillée est d'un travail étonnant (voy. p. 175, n° 2).

Ibidem, J, 64. — Sabre italien du dix-septième
siècle. Cette arme (p. 273, n° 2) est remarquable à
certains égards. La forme de sa lame, qui est celle
du cimeterre, dénote l'influence orientale. Le sabre,
surtout très-courbé, n'était pas en vogue auprès des
capitaines de l'Europe, comme nous l'avons déjà
dit. La lame est ciselée et champ-levée. La pointe
des quillons et les pommeaux sont figurés en tête
de lion. La fusée porte des masques et des feuilles
d'acanthe ciselées en relief.

Ibidem, J, 125. — Épée italienne du dix-septième
siècle. Deux bustes d'enfants comme bout de quillons. Le groupe des trois Grâces et deux enfants du
style le plus gracieux forment la fusée.

ARMES BLANCHES ORIENTALES.

Épée de don Juan (Armeria real. — V. p. 227, n° 2).
— Elle a été, dit-on, conquise par don Juan sur un
chef maure à la bataille de Lépante. Elle serait donc
de fabrication orientale. C'est du reste ce que con-
firme l'aspect de l'arme : les ornements de la lame
sont d'or, légèrement en relief, sur un fond d'azur ;
ceux de la poignée et de la garde également, mais
le relief est plus fort. L'étoile, au centre du pom-

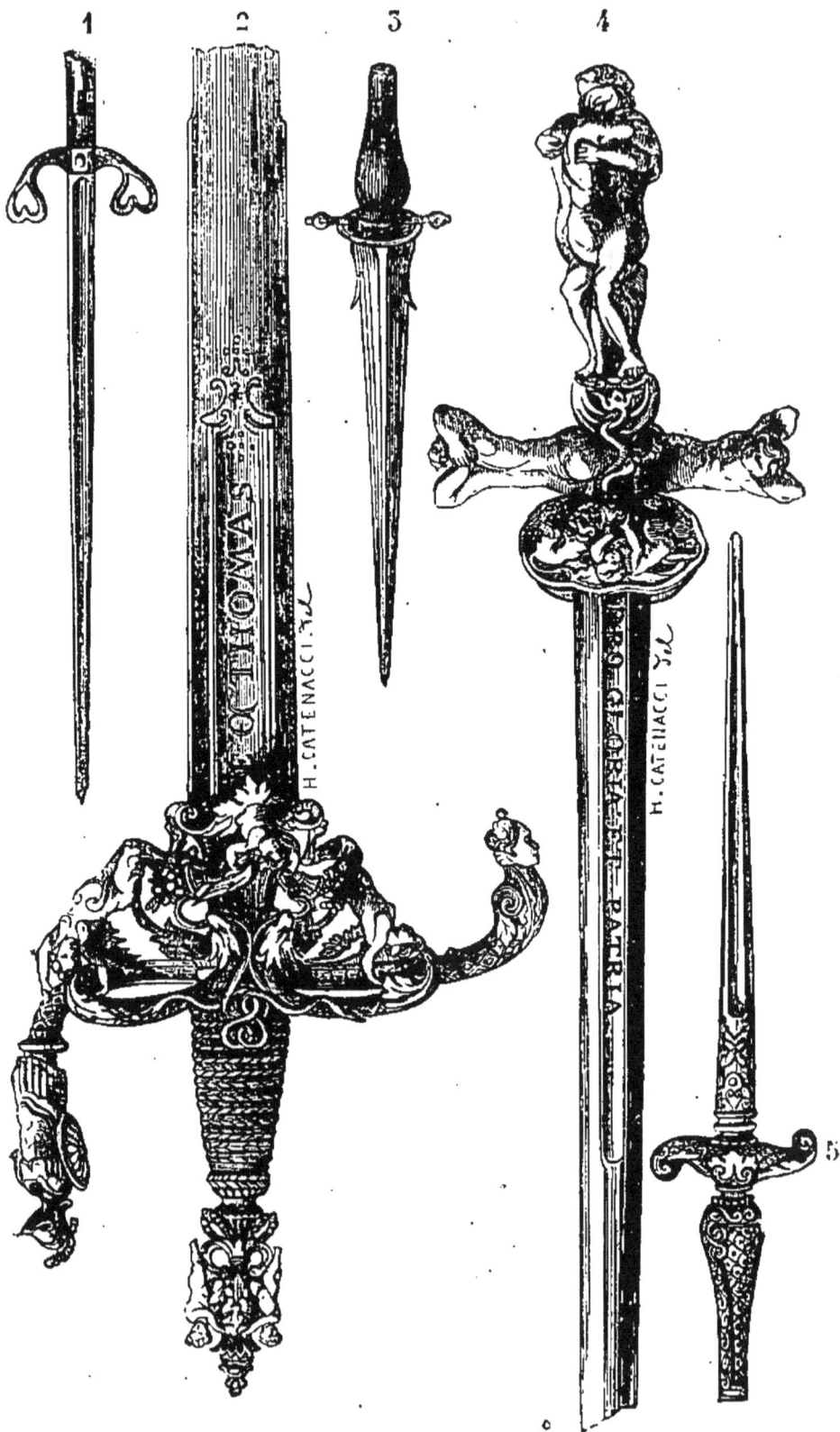

Fig. 48. — 1, 3. et 5, Baïonnettes. — 2, Épée espagnole (voy. p. 192.
4, Épée italienne (voy. p. 221).

meau, est formée par un émail rouge, blanc et vert ; c'est riche et élégant.

Les Maures ont toujours aimé les armes bizarres ; l'*Arméria real* possède, entre autres objets de cette provenance, une sorte de dague ou de *main gauche en trident*, adaptée à un brassard, qui a pu servir réellement à la défense, ce qui n'arrive pas à toutes les armes bizarres. On portait ce brassard avec son trident au bras gauche sans doute, tandis qu'on tenait l'épée ou la hache de la main droite. (Voy. p. 135, n° 4.)

Une adargue mauresque. — Petit bouclier adapté

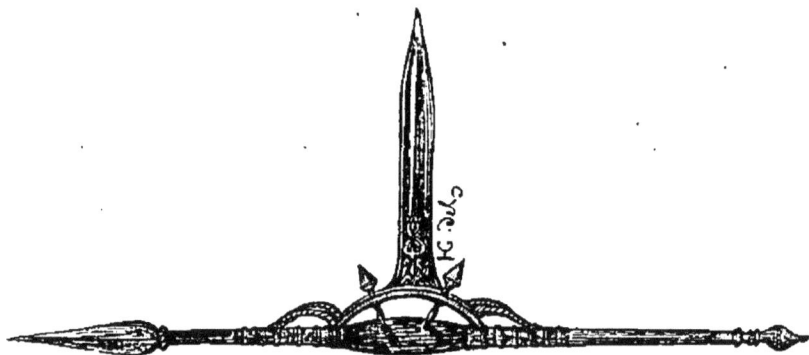

Fig. 49. — Adargue mauresque.

sur une lance courte, ou plutôt sur un javelot. Le bouclier est lui-même surmonté d'une dague à laquelle il sert de poignée ; cette arme bizarre date du quinzième siècle.

Le bâton de Pierre le Cruel. — Ce bâton, déployé, a plus de sept pieds de long, mais on peut rabattre

les deux branches latérales sur la grande lame centrale, et les trois ensemble sur le bâton, qui n'a
alors que trois pieds et demi. (Voy. ci-dessous.)

ARMES D'HAST

Les armes d'hast, usitées à la fin du moyen âge

Fig. 50. — Bâton de Pierre le Cruel.

et durant la Renaissance, ne sont guère remarquables que par la bizarrerie de leurs contours.

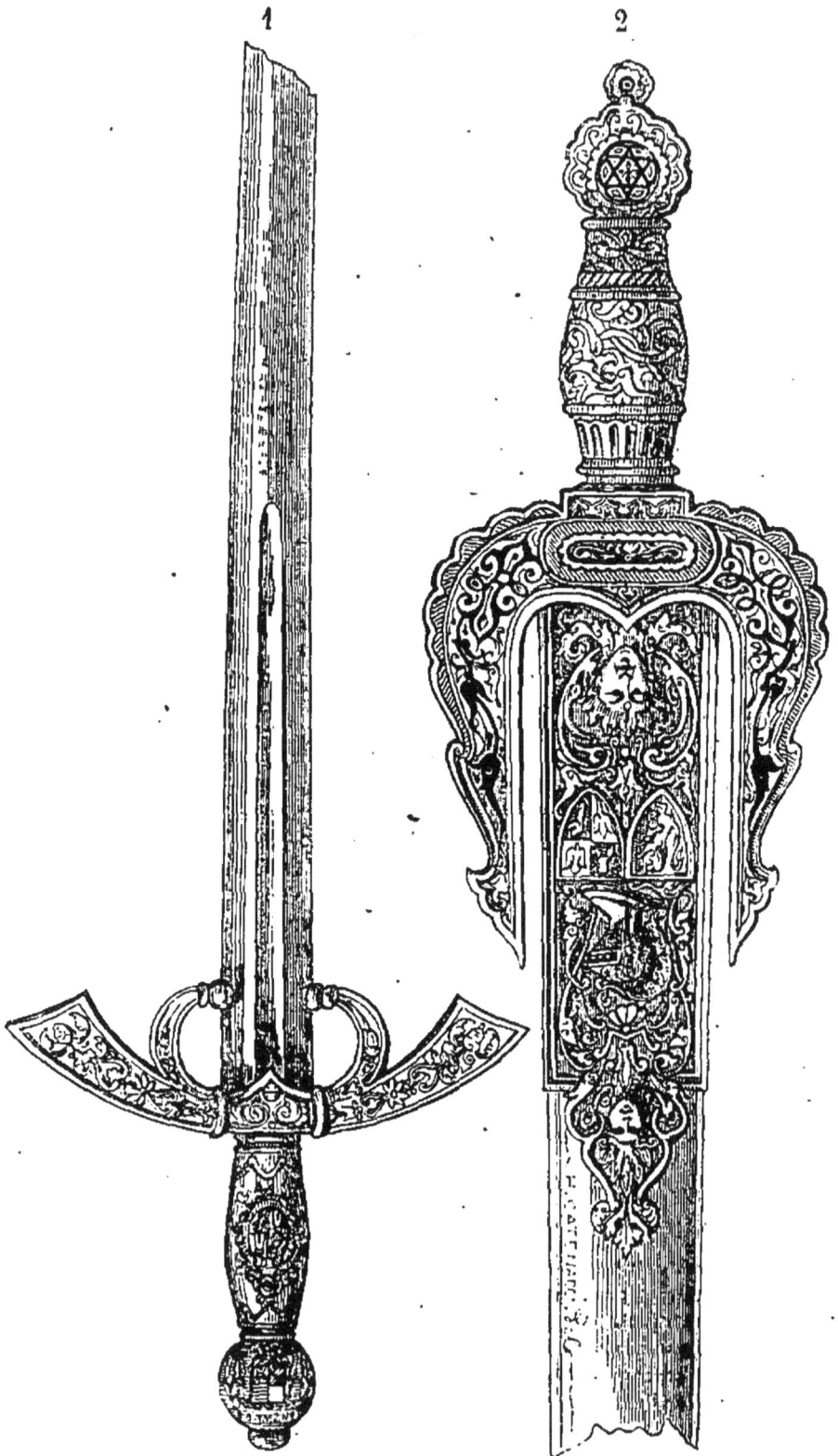

Fig. 51. — 1, Estoc royal de Gonzalve de Cordoue. — 2, Épée
de don Juan d'Autriche (voy. p. 222).

Voici d'abord trois spécimens du fléau d'armes,
qui diffèrent entre eux notablement, et qui appartiennent au Musée d'artillerie. Le n° 7 (p. 231) est
une masse sphérique hérissée de cinq pointes, assemblées à un long manche par une chaîne. —
L'arme n° 6 est un véritable fléau. Un long manche
de bois porte au bout d'une chaîne un bâton bardé
de fer, cerclé de viroles d'où sortent dix pointes
aiguës. — Dans le n° 1, le bâton est remplacé par
une barre de fer quadrangulaire. — Le n° 2 nous
offre un marteau d'armes du quatorzième siècle. Le
fer porte un bec de corbin d'un côté, de l'autre un
maillet taillé à quatre pointes de diamant, et entre
les deux une pointe. — Le n° 5 est l'arme qu'on
appelle une corsesque. Elle a été en usage en Italie,
principalement vers le commencement du seizième
siècle. Elle se compose d'un long fer de lance dans
la direction du manche, et de deux lames tranchantes et recourbées, placées en fourche des deux
côtés de ce fer. Dans l'arme que nous présentons ici,
un mécanisme très-simple permet de rabattre les
trois lames sur le manche. — Les n°s 4 et 8 sont
des spécimens de fauchards, cette arme terrible et
qui a joui d'une grande réputation au quinzième
siècle. On la voit ici (n° 8) à son état simple et
primitif, où elle apparaît ce qu'elle est, un fer de
faux emmanché au rebours. Elle ne tarda pas à se
compliquer et à prendre les aspects les plus divers :

on y ajouta généralement deux pointes (voy. p. 255, n° 1), une à la partie supérieure, et une autre à angle droit sur le dos de la lame. — Voyez, p. 273, n° 1, un fauchard ornementé ; c'est un véritable objet d'art dû aux ouvriers italiens du seizième siècle. Parmi les ornements finement gravés ou damasquinés, on distingue les armes du cardinal Borghèse, pape Paul V.

La guisarme et la hallebarde sont ou le même outil ou deux outils bien proches parents. La guisarme portait un fer à double fin : fer de hache sur le côté, fer de lance en prolongement de la douille. (Voy. p. 231, n°s 12 et 13.) Ajoutez sur l'autre côté, à l'opposite de la hache, un croc, un marteau ou un biseau, ou une autre hache, et vous aurez la hallebarde.

La pertuisane se compose d'un fer de lance large et aigu, garni de deux ailerons à sa base (n° 11).

Mais, il faut le dire, il est souvent difficile en face de certaines armes de décider lequel de ces trois noms de guisarme, de hallebarde et de pertuisane lui convient le mieux.

La figure de la page 235 est une pertuisane ornementée au seizième siècle.

Les Chinois et les Japonais sont bizarres dans toutes leurs armes, ou au moins nous paraissent tels, mais plus encore dans leurs armes d'hast

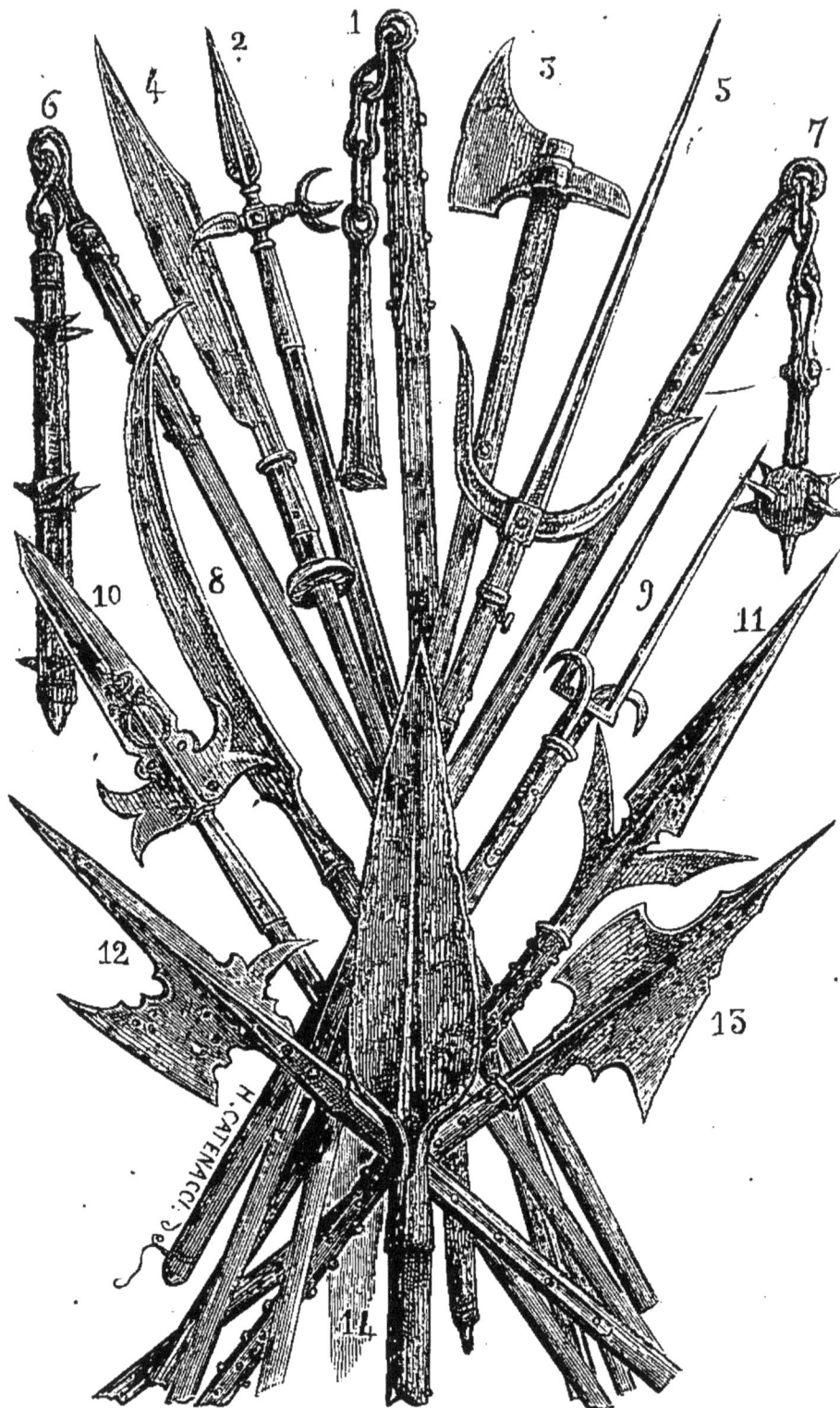

Fig. 52. — 1, 6, 7, Fléaux d'armes. — 2, Marteau d'armes. — 3, Hache d'armes. — 4, 8, Fauchards. — 5, Corsesque. — 9, Fourche de guerre. — 10, Hallebarde. — 11, Pertuisane. — 12, 13, Guisarmes.

qué dans leurs épées et leurs sabres, pourtant si
singuliers. Le trait commun à toutes les armes
d'hast chinoises, c'est qu'elles sont portées sur un
manche long et fort, qui doit les rendre pénibles à
manier. Jamais le bois de nos pertuisanes, halle-
bardes, guisarmes, etc., n'a eu de pareilles dimensions. Généralement aussi, ce manche se termine par une rondelle débordante, dans laquelle
est implanté le fer de l'arme. Parmi les formes si
diverses que les Chinois ont données à ce fer, il
en est qui rappellent nos armes ; par exemple, le
fauchard (voy. p. 234, n° 7) ; seulement, ici la
lame a des dimensions relativement exagérées.
Mais il y a d'autres formes en plus grand nombre
dont on ne trouve pas les analogues chez nous ;
ainsi, une espèce de cimeterre monté sur une
longue hampe et implanté dans une rondelle comme
celle dont nous parlions tout à l'heure (n° 1).
A la place du cimeterre, il y a, dans une autre arme
(n° 8), une très-longue épée, large au talon et progressivement rétrécie vers la pointe, comme les
glaives du onzième siècle, mais avec de bien plus
grandes proportions, ainsi qu'il convient à une arme
chinoise; ailleurs, c'est une fourche de fer aux
branches largement courbées et écartées, avec une
pointe entre deux terminant la hampe (n° 6) ; ailleurs des croissants tranchants, dont la convexité
est tournée tantôt en dedans, tantôt en dehors (n° 5).

L'arme qui offre cette dernière disposition a l'air d'un grand rasoir curviligne. On s'explique mal sa

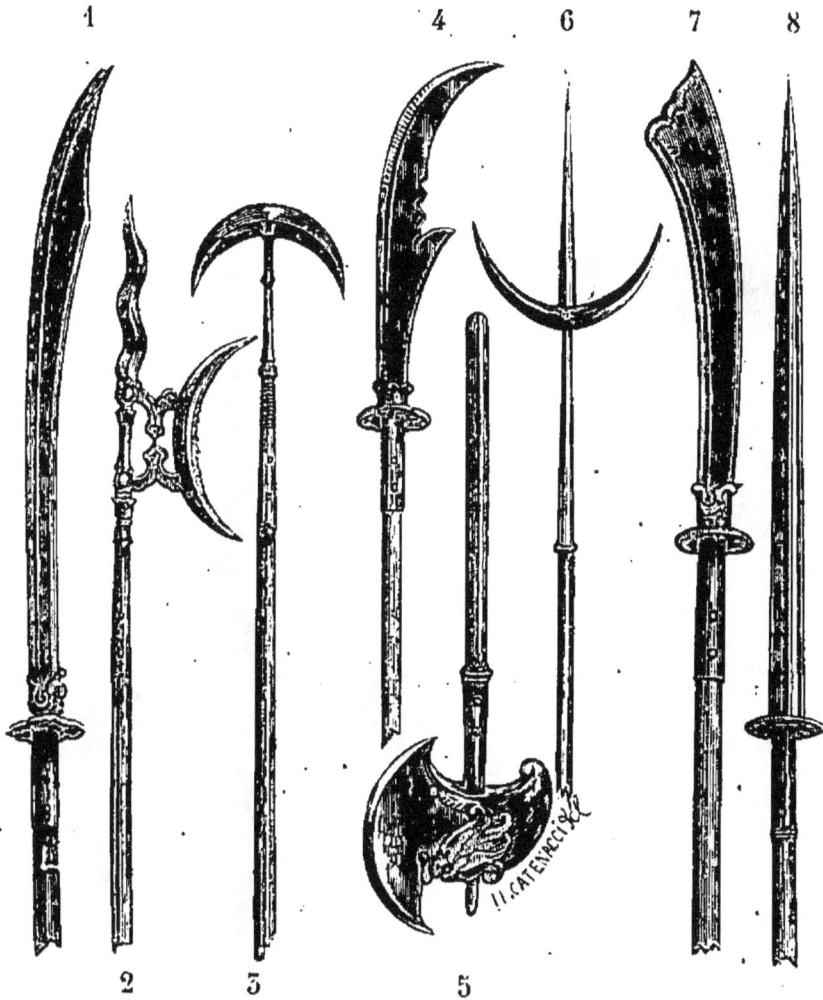

Fig. 55. — Armes chinoises.

destination, à moins qu'elle ne serve à trancher les jarrets des chevaux.

Fig. 54. — 1, Fauchard (voy. p. 250). — 2, Pertuisane ornementée.

XI

LES ARMES MODERNES

L'ARTILLERIE

Le mot d'artillerie, dans sa première et véritable acception, désignait tous les engins en usage sur le champ de bataille, mais surtout dans les siéges de villes. Nous allons exposer brièvement les principales machines employées avant la découverte du canon.

Nous avons vu que les Assyriens faisaient usage pour démolir les murs d'un javelot énorme, que poussaient des soldats abrités sous une charpente. Cette machine, ou du moins son analogue, se retrouve chez les Romains, où elle porte le nom de *terebra*. Les *catapultes*, les *béliers*, mentionnés dans les histoires les plus anciennes de tous les peuples, se rencontrent aussi chez les Romains, et ensuite chez nous autres Français, qui gardâmes à cet égard les traditions romaines ; nous ne laisserons pas, même en ne prenant l'histoire de ces engins qu'à ces époques voisines, d'y trouver une certaine obscurité.

Le bélier était une forte et longue poutre de bois, armée d'une tête de fer figurant plus ou moins exactement la tête d'un bélier et abritée sous une sorte

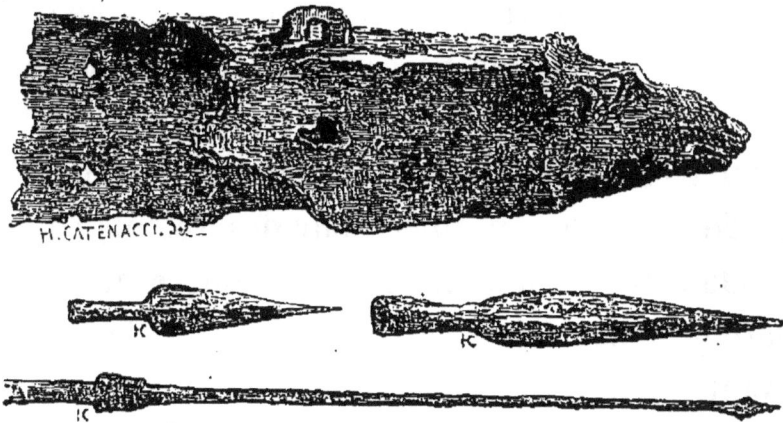

.Fig. 55. — Béliers et Javelots des Assyriens.

d'auvent, au toit duquel elle était suspendue par des cordes. On poussait le bélier contre les murs en le balançant à force de bras. Souvent la besogne avait été entamée, et les voies préparées au bélier par la *terebra* (tarière) dont nous parlions tout à l'heure. Celle-ci était une pique à fer aigu et fort, placée sur une espèce de camion, dans une rainure où elle jouait par un mécanisme qu'on ne s'est jamais bien expliqué. (Voy. *Histoire de la milice française,* par le P. Daniel, t. Ier, planche X.) Ce qu'on sait bien, c'est que c'étaient des hommes qui poussaient la tarière en avant, au moyen de volants et de câbles. La tarière avait pour office de briser la première pierre, et le bélier de pousser les pierres voisines dans ce premier vide de plus en plus agrandi.

La catapulte lançait des dards armés de fers ou portant à leur extrémité une composition incendiaire. Les plus grandes jetaient des javelots longs de trois coudées et plus qui, à une centaine de pas, étaient capables de percer plusieurs hommes. Ces catapultes se faisaient ordinairement avec le tronc d'un arbre grossièrement façonné, qu'on courbait à l'aide de cordes enroulées sur des volants : l'arbre rendu à lui-même, en se redressant, rencontrait le dard posé sur une espèce de poteau, et le jetait en avant.

La baliste, variété de la catapulte, était une machine qui lançait des pierres. On mettait une ou plusieurs grosses pierres dans une sorte de seau en bois suspendu au bout d'une poutre qui, s'abattant par un mouvement de trébuchet, envoyait au loin le contenu du seau.

Au moyen âge et après l'invention de l'arbalète, on se servit, à la place des catapultes, pour lancer des dards d'une dimension extraordinaire, de grandes arbalètes, dont l'arc avait une puissance proportionnée au trait. Cet arc se tendait au moyen de moufles et de cordes : c'était en somme une *arba-*

lète de tour. Le Musée d'artillerie, à Paris, possède deux de ces arcs de *baliste*, comme on disait au moyen âge : l'un est d'un bois dur et fibreux, qui a l'apparence du bois de palmier; l'autre est en acier.

L'artillerie ancienne n'aurait jamais conduit à la moderne, comme il est aisé d'en juger. L'une n'est en aucune manière la suite et le progrès de l'autre.

L'art des compositions incendiaires qui donna naissance à la poudre et partant au canon, est au moins aussi ancien que la balistique. De tout temps on a lancé des flèches, garnies à leur extrémité de matières combustibles, dont l'élément le plus ordinaire était la poix. Les Grecs du Bas-Empire notamment inventèrent dans ce genre une combinaison restée célèbre sous le nom de *feu grégeois.* On en sait aujourd'hui la recette, qui n'a rien de bien ingénieux. C'était un mélange d'huile de naphte, de goudron, de résine, d'huile végétale et de graisse, auxquels on adjoignait divers métaux réduits en poudre. Les Grecs, disons-nous, inventèrent le feu grégeois, mais ce furent les Arabes qui lui firent sa réputation, par la manière dont ils s'en servirent contre les barons d'Occident durant les croisades. Au reste, il est aujourd'hui prouvé que le feu grégeois faisait beaucoup plus de peur que de mal.

A l'époque de la première croisade, peut-être même bien avant, les Chinois, en cherchant de nou-

velles compositions incendiaires, l'avaient déjà trouvé
la combinaison qui devait révolutionner l'art de la
guerre. Il est à peu près acquis maintenant qu'à
eux appartient l'honneur, si c'en est un toutefois,
d'avoir introduit les premiers le salpêtre dans un
mélange de charbon et de soufre. Ce mélange, on le
faisait fréquemment et depuis bien longtemps, en y
ajoutant les corps les plus divers ; mais on n'avait
pas pensé au salpêtre qui est l'élément distinctif de
la poudre, celui auquel tient son effet essentiel, la
force explosive. Les Chinois n'usèrent de leur découverte que pour en faire des fusées. Les Arabes
bientôt, grâce à leurs communications avec les Chinois, connurent la recette de la poudre, et d'abord,
ce semble, ils en composèrent des pétards. Mais de
là à la mettre dans un tube avec un projectile, il y
avait un grand pas à faire. Ce fut encore les Arabes
qui le firent, et par là ils ont plus de part à l'invention de l'artillerie que les Chinois eux-mêmes.
Mais ici nous retombons dans l'obscurité qui enveloppe l'invention de la poudre ou pour mieux dire
nous n'en sortons pas. Où, comment, par qui fut
fait le premier canon, on l'ignore. Tout ce qu'on
est parvenu à savoir, c'est qu'en 1338 il y avait à
Cambrai un canon qui lançait des carreaux d'arbalète ; qu'il y en avait plusieurs en 1339 à l'attaque
du Quesnoy, et aussi au siége d'Algésiras en
1342, etc. Les historiens contemporains mention-

nent cette nouveauté sans faire de commentaires,
ni d'exclamations, aussi simplement que s'il s'a-
gissait d'une antiquaille, preuve que le canon ne
fit pas de révolution à sa naissance, qu'il n'en fit
même pas présager. Et cela s'explique. Le canon
originel, d'un très-petit calibre, lançait des javelines, ou de petits boulets de plomb de trois livres
au plus, ce que faisait aussi bien que lui la grande
arbalète à tour, ou tel autre engin de guerre. Cette
nouvelle machine paraissait donc devoir faire un
peu plus de bruit que les anciennes, mais non pas
plus de mal. Tout ce qu'on a raconté des effets stu-
péfiants de l'artillerie naissante est à reléguer parmi
les fables.

Les premiers canons se composèrent de *tubes* en
fer forgé, renforcés par des anneaux, ouverts aux
deux bouts, et d'une *boîte* en fer séparée dans laquelle
on mettait la charge de poudre. Le *tube* se terminait
par une sorte de caisse ouverte dans laquelle on dé-
posait la *boîte* à poudre. On enfonçait des coins de
fer entre le fond de la caisse et la boîte, pour que
celle-ci adaptée au tube ne s'en séparât pas au moment de l'explosion. Dans le même but, on passait
encore par-dessus la caisse un étrier en fer. La
boîte était percée d'une lumière, comme celle que
tout le monde a vue sur les canons modernes. Dans
ce canal étroit on introduisait, au moment voulu,
une baguette de fer rougie au feu, et le coup partait.

Le canon (avec boîte, ou sans boîte et tout d'une

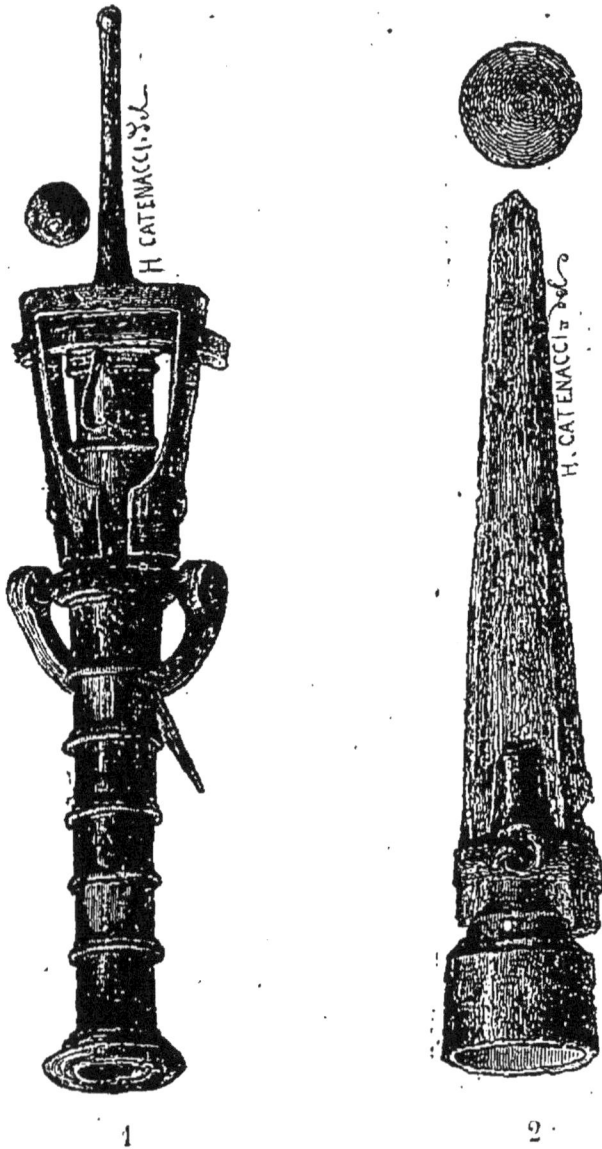

Fig. 56. — 1, Canon à boîte du quatorzième siècle.
2, Canon d'une seule pièce.

pièce) était monté sur un chevalet, ou sur une cs-

pèce de cube en charpente, ou bien encore on mettait plusieurs canons, qui en ce cas étaient très-
petits, sur un fût transversal, et le tout s'appelait un
ribeaudequin.

L'idée de donner un petit canon à porter aux soldats, et de le leur faire tirer à la main, devait se
présenter naturellement. Ainsi l'origine du fusil se
confond avec celle du canon. Nous reprendrons
dans un chapitre particulier l'histoire du premier
au moment où il se détache de son congénère et
tend visiblement à former une arme à part.

Les canons étaient d'abord petits, je viens de le
dire. On ne tarda guère à en faire de gros, et même,
presque sans progression, d'énormes. Vers la fin
du quatorzième siècle, il y a des bombardes qui
lancent des boulets en pierre de deux cents livres.
On traîne sur les champs de bataille, à côté des
veuglaires, des *crapeaudeaux,* des *couleuvrines* et
des *serpentines* qui jettent à peine une ou deux livres
de plomb, non pas de ces bombardes aux boulets
de deux cents livres, cela n'aurait pas été possible,
mais d'autres qui lancent cinquante, quatre-vingts
livres, ce qui était déjà fort difficile ; ajoutons
qu'elles n'y servaient pas à grand'chose.

Ainsi voilà tout le progrès fait au quatorzième
siècle ; on est passé des petits canons aux gros. Ce
n'était pas dans ce sens qu'il fallait marcher. Pour
rendre l'artillerie formidable, il fallait avant tout

remédier à certains défauts, remplir certains désidérata que je vais indiquer : on en comprendra mieux la portée des réformes que nous exposerons ensuite.

Le canon forgé et cerclé n'offrait pas assez de résistance, et il lui arrivait souvent d'éclater, ce qui est un grave défaut. La poudre faite avec du salpêtre mal épuré, au lieu de brûler instantanément comme la nôtre, s'enflammait avec une lenteur relative ; elle fusait, en un mot, ce qui diminuait beaucoup sa force de projection. Au reste, quand quelque fabricateur plus habile, trop habile même, confectionnait une poudre vive et prompte, il augmentait pour les canonniers les chances d'être tués par l'éclatement du canon. C'était, comme on voit, un cercle vicieux.

On sait que le canon reçoit de terribles secousses des gaz qui se développent brusquement dans son intérieur, par l'inflammation de la poudre et de l'air qui rentre ensuite, non moins violemment, après le départ des gaz ; c'est ce qu'on appelle le recul. Les canons sont faits aujourd'hui de telle manière qu'ils cèdent au recul. On comprend bien l'avantage d'un pareil système : un corps qui prête, qui cède au choc, ne subit pas les mêmes effets désorganisateurs qu'un corps qui y résiste. Les gens du quatorzième siècle construisaient leurs canons de manière qu'ils résistassent au recul.

Si leurs machines ne se détraquaient pas très-promptement, c'est uniquement parce que la poudre avait peu de force, et qu'on ne lui donnait à chasser que des projectiles de peu de poids ; avec notre poudre et nos boulets, les liens qu'on voit ici se seraient rompus, et l'agencement des planches aurait été détruit en peu de temps, sinon tout de suite.

On tirait, il est vrai, des boulets de deux cents livres, ce qui semble contredire la précédente assertion ; mais alors ce qui sauvait de la destruction la machine, très-massive et très-compliquée (une espèce de *travail* comme on en voit aux portes des maréchaux ferrants), qui portait la bombarde, c'était l'explosion successive de la poudre donnant peu de force à la fois, et chassant par conséquent le projectile avec mollesse.

D'autres inconvénients résultaient de la nature des projectiles. Les boulets de pierre, qu'on employait surtout dans les siéges, s'écrasaient naturellement ; ils étaient incapables de renverser une muraille un peu solide. Les petits boulets de plomb n'avaient pas, comme on pense, une grande efficacité non plus dans le même cas. Ils étaient, il est vrai, d'un meilleur usage sur les champs de bataille contre les troupes ; mais, comme ils ne s'adaptaient pas exactement au canon, qu'ils n'en remplissaient pas bien le calibre, ils manquaient de portée et de justesse.

Le tir était très-lent, surtout pour les grosses bombardes, et cela s'explique. Il fallait charger de poudre la chambre, séparée du corps du canon (de ce-qu'on nomme la *volée*), la rapprocher ensuite de celle-ci, l'y ajuster, l'y consolider en faisant couler dessus l'étrier en fer, enfin mettre le feu ; ce qui bientôt ne se fit plus par le moyen du fil de fer rouge dont j'ai parlé : moyen expéditif, mais dangereux, les canons éclatant si souvent. Pour faire partir le coup, on prit donc l'habitude de remplir la lumière d'une grande quantité de poudre d'amorce, plus vive, plus prompte que l'autre, et d'aligner sur le canon une traînée de poudre ordinaire. On mettait le feu au bout, et avant que le canon partît, les artilleurs avaient le temps de s'éloigner. Plus le canon était gros, plus la traînée était longue, afin que les canonniers pussent s'éloigner davantage.

A propos des dangers auxquels le canonnier était exposé, je trouve dans un ouvrage du quinzième siècle, très-important pour l'histoire de notre arme, ce passage curieux en ce qu'il porte l'empreinte du caractère superstitieux de l'époque. Le chapitre qui contient ce passage est intitulé : *Des conditions, mœurs et sciences que doibt avoir ung chascun audit art de canonerie.*

« Chacun audit art de cannonerie doibt et luy appartient avoir les conditions, mœurs et sciences cyaprès déclarées. Premier doibt honorer, craindre et aimer Dieu et l'avoir toujours devant les yeulx en crainte de l'offenser plus que autres gens de guerre quelconques. Car toutes les foys qu'il tire d'une bombarde, canon ou autre baston de canonnerie ou qu'il besoigne en faict de poudre, leur grand force et vertu font aulcunes foys rompre le baston duquel il tire ; et supposé qu'il ne rompe, ja toutefois est-il en danger d'estre bruslé de la pouldre, s'il n'est bien advisé, et discret pour s'en sauver et garder, desquelles pouldres la vapeur seulement est vray venin contre l'homme, ainsi que dict sera cy-après ; et sont les ennemys plus en grief sur luy que sur autres pour le voulloir destruire et occire à l'occasion des grands maux et déplaisirs et dommages qu'il leur faict de son dict métier. » (*Le livre du secret de l'art de l'artillerie et canonnerie*, p. 139.)

Les canons étaient montés de telle sorte qu'on ne pouvait que bien difficilement changer la direction des petites pièces, et pas du tout celle des grosses ; cela seul eût suffi pour les rendre inutiles bien souvent. On trouva assez vite le moyen de varier leur inclinaison, de hausser, de baisser leur tir. Quant à changer leur plan, à varier leur tir horizontalement, cela ne devait venir qu'au quinzième siècle.

Donnons une idée du mécanisme inventé, au quatorzième siècle, pour varier l'inclinaison. Le canon est couché sur deux pièces de bois, dont l'inférieure est fixe, et dont la supérieure, celle à laquelle le canon est attaché, tient en avant à l'inférieure par un gros clou, autour duquel elle peut bouger. A l'arrière elle est libre. On peut donc l'élever, et le canon avec elle. Des pièces de bois, en forme d'arc, qu'on voit de chaque côté, et où on remarque des trous, permettent de la maintenir élevée. Il n'y a pour cela qu'à passer une assez forte cheville dans les trous, d'un arc à l'autre. Le canon portant sur la cheville restera élevé par derrière, et abaissé par devant, au degré d'inclinaison que l'on voudra. Seulement plus que jamais il faudra éviter de donner au canon une forte charge ; le recul briserait tout.

Aujourd'hui, les canons se meuvent aisément sur le champ de bataille ; on les transporte rapidement d'un point à un autre, et le rôle capital que cette arme joue dans la guerre dépend peut-être de cette mobilité, plus que de toute autre condition. Il est certain que Gustave-Adolphe, qui le premier sut user largement de cette tactique, par cela seul fit presque une révolution dans l'art militaire. Au quatorzième siècle, on avait déjà assez de mal pour amener le canon sur le théâtre de la guerre, la grosse bombarde surtout. On chargeait celle-ci sur un train *ad hoc*, puis le *travail* qui devait la porter sur un autre. Et quand tout cela était parvenu fort péniblement, et après avoir couru souvent le risque de rester en chemin, jusque devant les ennemis, il fallait descendre la bombarde, descendre le *travail*, poser celle-là sur celui-ci, opération qui s'accomplissait au moyen d'une troisième machine fort lourde, composée d'un grand chevalet, de grosses cordes, de poulies, etc., ce qu'en un mot on appelle une *chèvre*. On juge si l'on pouvait penser ensuite à changer devant l'ennemi la situation de la bombarde. En bataille, elle était donc à peu près inoffensive, parce qu'on pouvait se mettre aisément en dehors de la ligne de ses boulets. Dans les siéges, elle était plus efficace ; aussi restreignit-on bientôt son usage à cette seule opération.

Les premières modifications, les premiers perfectionnements (dans les dernières années du quatorzième siècle) eurent pour objet les projectiles. On fit pour les siéges des boulets en pierre, cerclés de fer. Ceux-ci avaient déjà plus d'action contre les murailles que les simples boulets de pierre. Quant à fondre des boulets, il n'y fallait pas penser, c'était encore impossible. Cette opération, qui semble si simple, dépassait la science des métallurgistes de l'époque. En revanche, on inventa le tir à mitraille, le tir à boulets incendiaires ; on essaya du tir parabolique (c'est celui des bombes) et même du tir à projectiles creux et éclatant.

Ces tentatives n'eurent pas toutes un succès égal. Les boulets à mitraille, formés de pierres ou de fers maintenus par un ciment, qui se brisait dans la décharge ; les boulets incendiaires, à noyau de pierre avec une enveloppe de matières combustibles, remplissaient à peu près l'usage qu'on en attendait ; mais les pierres rougies au feu qu'on voulut employer à la façon de nos boulets rouges, en mettant trop tôt le feu au canon, le rendirent si dangereux pour ses propres servants, qu'il fallut y renoncer ; les projectiles creux et remplis de poudre éclatèrent entre les mains des canonniers ou n'éclatèrent pas du tout.

On ne tarda pas à s'occuper du canon, et d'abord on fit une innovation très-importante ; on coula des canons en bronze. Ceux-ci furent plus solides, à l'épreuve de charges plus fortes, de boulets plus pesants. Jamais cependant on n'était tout à fait sûr qu'ils n'éclateraient pas, parce qu'on n'avait pas trouvé, comme de nos jours, la proportion la plus convenable pour mélanger le cuivre et l'étain ; et l'on ne savait pas faire des épreuves méthodiques pour parvenir à trouver cette proportion ; on mélangeait au hasard ; on tâtonnait, et parfois le résultat était fâcheux. Cependant les pièces en bronze coulé prévalurent de plus en plus sur les pièces en fer forgé, bien qu'on trouve encore de celles-ci à une époque très-postérieure.

Après cela vint le tour de la poudre ; on apprit à épurer le salpêtre ; on put charger avec de la poudre plus vive des canons plus résistants, et la force des projectiles devint communément plus grande.

Vers le milieu de ce siècle on perfectionna la
machine portant le canon, l'affût en un mot. Il serait trop long de décrire les diverses formes qu'on
lui donna, selon les contrées; il suffit de dire qu'ils
eurent cela de commun, d'être munis de roues, en
sorte qu'on put atteler directement les chevaux au
canon, sans recourir pour les transporter à un second véhicule. On voit, dans les monuments du
temps, des affûts comparables à de petites char-
rettes, dont la pièce faisait partie intégrante (l'artillerie des Suisses); d'autres avec des *flasques* assez
semblables aux nôtres. Chacun sait qu'on nomme
flasques les pièces latérales de l'affût qui, des flancs
du canon, descendent en arrière jusqu'au sol, selon
une ligne plus ou moins infléchie.

On inventa en même temps quelque chose comme
notre vis de pointage, pour hausser et baisser le tir,
ou bien l'on se servit, pour la même fin, de coins
de bois, espèce de coussinets qu'on plaçait sous la
tête de la pièce, en nombre plus ou moins grand,
selon qu'on voulait baisser plus ou moins son extrémité. On fit une machine plus ingénieuse, mais
aussi plus compliquée pour obtenir un effet important, dont j'ai déjà parlé, celui de changer le tir en
sens horizontal. Dans cette machine, la poutrelle
qui soutient le canon, outre qu'elle peut se hausser
et se baisser, au moyen des chevilles passant dans
les deux arcs (voy. p. 251), est engagée par son

extrémité dans une poutre à rainure, où elle joue, envoyant l'extrémité qui porte la pièce du côté droit quand l'extrémité engagée va à gauche, et réciproquement.

Le mécanisme est aisé à saisir, et ce n'est pas de ce côté-là que la construction pèche ; son défaut, qui annule tous les avantages possibles, c'est qu'elle immobilise le canon, parce qu'elle n'a pas de roues.

Ce fut sous le règne de Louis XI qu'eurent lieu les progrès les plus sérieux. On commença alors à couler des boulets de fer, ce que l'état des arts métallurgiques n'avait pas permis jusque-là. Au début, il est vrai, on tomba dans une faute qui atténuait singulièrement les avantages de la nouvelle invention.

On eut l'ambition de couler et de faire partir, contre les places, des boulets de fer aussi gros qu'étaient ceux de pierre dont on se servait auparavant. Il en résulta que les canons éclatèrent de plus belle, ou que, chargés de poudre lente en vue d'obvier à cet inconvénient, ils n'envoyèrent que des projectiles d'un effet très-faible ; mais bientôt on se ravisa. On comprit qu'il n'était pas nécessaire de donner aux boulets de fer ces dimensions énormes, et que la vitesse pouvait remplacer avantageusement le poids. A partir de ce moment, on peut dire que la féodalité est vaincue, et que les maîtres orgueilleux des châteaux, qui trop longtemps vexèrent le menu peuple, vont être contraints de capituler.

Presque en même temps, le problème du canon résistant à l'effet du recul était résolu définitivement (car déjà depuis quelque temps on était sur la voie). Tout le monde a remarqué cet appendice cylindrique qui se voit de chaque côté du canon, vers le tiers de la pièce, et qui fait corps avec elle. Cet appendice s'appelle le *tourillon*. Placé où il est, c'est lui qui reçoit presque tout l'effort du recul, et le répand pour ainsi dire sur les flasques dans lesquelles il est encastré solidement. Cette disposition, combinée avec le mouvement en arrière que la forme des flasques permet au canon, ôte à la force du recul tous ses effets désorganisateurs.

Ces nouvelles inventions apparurent pour la première fois parfaitement réalisées dans une artillerie considérable, quand Charles VIII passa les Alpes pour aller conquérir le royaume de Naples. Paul Jove, dans l'histoire de son temps, nous a transmis la profonde impression que causa en Italie l'aspect formidable de cette artillerie, qui ne devait pourtant pas produire de grands effets.

Du règne de Charles VIII jusqu'à nos jours, du moins jusqu'à l'invention des canons rayés, il ne s'est pas produit d'innovation comparable, pour les conséquences, à celle que nous venons de voir, si ce n'est peut-être l'invention du mortier, dont nous parlerons tout à l'heure. Sous François Ier et sous Henri II cependant, il est bon de noter qu'en France, au lieu de cette multitude de canons de tout calibre qu'on traînait sur le champ de bataille, et qui ne permettaient pas d'introduire la précision et la certitude dans le calcul des effets de l'artillerie, on eut l'excellente idée d'adopter exclusivement un petit nombre de calibres.

Voici, pour la curiosité, les six canons réglementaires auxquels Henri II réduisit toute l'artillerie française :

Le canon. Le poids du projectile était de 33 livres 4 onces à 34 livres.

La grande coulevrine. Le poids du projectile était de 15 livres 2 onces à 15 livres 4 onces.

La coulevrine bâtarde. Le poids du projectile était de 7 livres 2 onces à 7 livres 3 onces.

La coulevrine moyenne. Le poids du projectile était de 2 livres.

Le faucon. Poids du projectile : 1 livre 1 once.

Le fauconneau. Poids du projectile : 14 onces.

Le bronze des bouches à feu fut en même temps fixé à 100 parties de cuivre et 10 d'étain.

C'est dans la seconde moitié du seizième siècle que fut inventé, en Allemagne, le mortier, c'est-à-dire une bouche à feu tirant, dans une direction plus ou moins voisine de la verticale, de gros projectiles creux destinés à éclater à leur point d'arrivée; ces projectiles, tout le monde le sait, s'appellent *bombes*. Les bombes, c'est encore connu, sont creusées à l'intérieur d'une chambre de forme ronde; on remplit cette chambre de poudre tassée avec soin; un trou, qu'on nommait autrefois la *lumière*, et qu'on appelle aujourd'hui l'*œil*, est destiné à recevoir une mèche, une fusée ou une amorce quelconque, qui mette le feu à la poudre de l'intérieur. Aujourd'hui on se sert pour cela d'un petit cylindre de bois qu'on enfonce dans l'œil de la bombe, et qui y adhère solidement; ce cylindre est percé d'un petit canal qu'on remplit de pulvérin ou de poudre d'amorce, c'est-à-dire d'une poudre qui fuse au lieu de s'enflammer brusquement comme la poudre ordinaire. On place la bombe dans le mortier, de façon que l'œil soit tourné du côté de la bouche du mortier; autrefois on ne croyait pas qu'une bombe ainsi placée pût prendre feu.

Dès les premières années où cette invention fut connue, on tira des mortiers à un seul feu, et à deux feux, c'est-à-dire qu'on eut des bombes auxquelles l'explosion même du mortier mettait le feu, et d'autres qu'on allumait d'une main, tandis qu'on mettait le feu au mortier de l'autre. Seulement, comme dans les mortiers à un feu, on tournait l'œil de la bombe, muni d'une fusée en métal et amorcé diversement, soit par du pulvérin, soit par une mèche, vers l'intérieur du mortier, faute de croire, comme je l'ai déjà dit, que la bombe pût s'enflammer autrement, il arrivait que l'explosion enfonçait la fusée et mettait instantanément le feu à la poudre de la bombe, ce qui la faisait éclater dans l'intérieur du mortier, avec les dommages qu'on peut s'imaginer pour les artilleurs; le tir du mortier à un feu fut en conséquence bientôt abandonné.

Jusque vers le milieu du dix-septième siècle, on ne se servit que du tir à deux feux. Ce tir était très-lent; on mettait d'abord sur la poudre du mortier une planchette de bois arrondie comme l'*âme*, c'est-à-dire le vide de la pièce, puis par-dessus du gazon, puis de la terre, puis la bombe, qu'on enterrait encore à moitié; on pense si tout cela demandait du temps.

L'usage du mortier mit un certain nombre d'années à s'introduire en France; ce ne fut qu'en 1634 qu'on commença à s'en servir régulièrement, après une expérience concluante, faite sous les yeux de nos officiers par un ingénieur originaire d'Angleterre, Malthus, au siége de Lamotte, en Lorraine.

Une autre difficulté qu'on rencontra au début dans l'usage de cette arme, fut de parer aux effets désastreux du recul, surtout pour les mortiers tirés dans la direction la plus voisine de la verticale, c'est-à-dire sous un angle de 45 degrés. Une pièce

dressée dans cette direction ne peut pas céder au
recul, ne peut pas *reculer*. Par la manière dont
l'affût était construit à cette époque, il arrivait que
les tourillons, sous la force trop violente du recul,
faisaient sauter les plates-bandes qui les maintenaient sur l'affût. On obvia à ce grave inconvénient,
en faisant porter l'extrémité du mortier sur un
heurtoir solide, qui recevait la plus grande partie
du choc. Vers la fin du dix-septième siècle, les
deux problèmes qui avaient rendu d'abord l'emploi
du mortier difficile ou périlleux étant définitivement
résolus, on commença à s'en servir régulièrement.
Depuis, on n'a fait à cette arme que des changements
insignifiants.

Vers la même époque où le mortier fut inventé,
on commença à tirer, en Angleterre, des projectiles
creux et éclatant dans une bouche à feu horizontale,
comme le canon ordinaire; c'était l'obusier. En
France, la même difficulté qu'on trouvait à tirer
des mortiers à un seul feu, fit qu'on hésita longtemps à se servir de l'obusier, dans lequel il faut
que la charge mette nécessairement le feu à l'obus,
et ce ne fut que lorsque le problème fut résolu pour
les bombes que l'usage de l'obusier fut adopté; depuis ce temps il s'est de plus en plus répandu, et
aujourd'hui on peut prévoir que, si rien ne vient
changer le cours des pratiques militaires, il y aura
bientôt dans les armées plus de pièces tirant des

projectiles creux, c'est-à-dire d'obusiers, que de canons à projectiles pleins.

Le dix-huitième siècle vit s'accomplir deux innovations importantes, que je me bornerai à signaler, parce qu'elles portent, non sur les armes en elles-mêmes, mais sur l'organisation du corps des artilleurs et sur le matériel. Le lieutenant général de Vallière réduisit à cinq le nombre des calibres, qui depuis Henri II, et grâce au désarroi causé par les guerres religieuses, étaient redevenus presque aussi variés et aussi déréglés qu'au moyen âge. Le premier il établit des règles fixes pour la fonte des bouches à feu et pour la construction de leurs affûts. Le lieutenant général de Gribeauval divisa le matériel et les troupes d'artillerie en quatre services différents, destinés à des usages spéciaux : il forma l'artillerie de campagne, l'artillerie de siége, l'artillerie de place et l'artillerie de côte. Les pièces, les affûts, les voitures, les attelages, tout fut, dans chacune de ces artilleries, combiné différemment et savamment, en vue des effets particuliers qu'on en attendait. Ce système, adopté en 1765, a fait toutes les guerres de la République et de l'Empire ; il n'a cessé d'être en usage qu'en 1825, et les hommes compétents lui attribuent une partie des succès qui ont illustré l'armée française.

Pour achever le tableau des progrès de l'artillerie jusqu'en 1789, il faudrait parler ici des décou-

vertes dont l'ensemble constitue une science nouvelle, complétement inconnue aux anciens : la balistique ; mais ce serait la matière d'un livre qui est
tout à fait hors de notre compétence. Il nous suffira, pour montrer le caractère profondément scientifique des armes modernes, de signaler, en quelques
mots, les problèmes dont la solution plus ou moins
définitive compose la balistique, et de citer les
grands noms qu'on rencontre dans l'histoire de ces
découvertes.

Galilée, à la suite de ses travaux sur la pesanteur,
découvrit, le premier, par le calcul, que le projectile
sortant du canon devait décrire une courbe parabolique, à supposer qu'il se meuve dans le vide. Pendant longtemps, les artilleurs vécurent sur ce principe, sans imaginer que la résistance de l'air fût
capable, en aucune manière, de modifier la marche
des projectiles. Robins, en Angleterre, et après lui
Newton, démontrèrent les effets compliqués que la
résistance de ce fluide produisait, et qu'on attribuait communément à la force variable de la
poudre, quand on avait lieu de les remarquer.

Blondel et Bélidor, en France, trouvèrent et en-
seignèrent aux artilleurs de leur temps le moyen de
calculer les diverses portées qu'on pouvait donner
à un même canon, selon les charges. Robins, dont
nous venons de parler, inventa en outre un instrument de l'usage le plus fréquent et le plus essen-

tiel, dans la pratique de l'artillerie, le pendule balistique. Cet appareil, qui sert à reconnaître la vitesse des projectiles, et, partant, à éprouver la force des diverses poudres, est construit d'après les lois très-complexes qui règlent la transmission des chocs. Il se compose essentiellement d'une espèce de manchon en fonte, où le boulet s'engage et s'amortit, et d'un pendule proprement dit, disposé de manière à recevoir et à traduire, par ses oscillations, le mouvement du boulet.

Le nom de Robins m'amène naturellement à la plus grande innovation des temps modernes en fait d'artillerie, au canon rayé; car Robins a prévu et présagé la révolution qui résulterait un jour de son invention. Je me trompe, cette arme était déjà inventée, et on rayait des canons de son temps, tout aussi bien que des fusils; mais on se servait de boulets de plomb, et on ne voyait pas moyen de pouvoir se servir d'un autre métal, capable comme le plomb de se forcer, de s'engager dans les rayures. La nécessité d'employer exclusivement des projectiles en plomb réduisait l'application de la rayure à de toutes petites pièces. Robins prédit que le canon rayé n'aurait que peu d'usage, tant que ce problème ne serait pas résolu; mais il crut fermement qu'il le serait et que le peuple chez qui on aurait fait cette découverte en obtiendrait, au moins pour un temps, la suprématie militaire.

C'est chez nous que le problème a été résolu, et on sait quelles conséquences avantageuses il en est résulté pour nous dans la guerre d'Italie. Comme Robins l'avait prédit, on a trouvé un moyen de se servir du boulet de fonte et de l'engager dans les rayures ; mais c'est par des appendices, la fonte en elle-même, comme chacun sait, ne s'y prêterait pas ; là a été l'invention.

Le boulet du canon rayé est donc en fonte, cylindro-conique, à peu près comme la balle du fusil actuel, creux à la manière des obus ; il est taraudé, c'est-à-dire percé de trous, et dans ces trous sont vissés des boulons en étain. Ce sont ces boulons qui, dilatés par la chaleur des gaz au moment de l'explosion, s'engagent et se forcent dans les rayures. Ce boulet, qui pèse 8 livres, et que lance un canon relativement petit, a une portée maxima de 4,500 mètres, un peu plus d'une lieue moderne. Son tir est juste jusqu'à 1,800 mètres, et si à cette distance le boulet va toucher le sol, il fournit encore un bond de 7 à 800 mètres.

D'après cela, qu'on mesure le chemin parcouru (dans une voie, hélas ! déplorable) entre le canon rayé et la javeline des héros d'Homère, — sans vouloir remonter plus haut.

Depuis la guerre d'Italie, qui démontra péremptoirement la puissance de l'invention nouvelle, il s'est produit chez tous les peuples une effrayante

émulation à qui aurait le canon le plus terrible et
le plus destructeur. Tout ce qu'on a inventé ou pré-
tendu inventer ici et là, n'est en somme que le canon rayé, avec des modifications ou des accessions
plus ou moins heureuses. Ainsi, pour ne parler que
du plus célèbre, de celui qui a fait le plus de bruit,
le canon Armstrong est un canon rayé d'un calibre
plus fort que le nôtre. Il se charge par la culasse,
et les Anglais vantent la perfection de son obturateur, c'est-à-dire de la pièce qui referme le canon
par derrière, quand on a introduit la charge, et qui
empêche les gaz de s'échapper lors de l'explosion ;
mais l'obturateur n'est pas tout, surtout un jour
de bataille. Nos officiers qui ont vu le canon Armstrong à l'œuvre durant la guerre de Cochinchine,
s'accordent à dire que si notre canon a moins de
portée, il a plus de mobilité, ce qui compense, et
au delà, le désavantage. Celui-ci peut aller presque
partout ; et souvent, en Italie, les Autrichiens furent
mitraillés au moment où ils s'y attendaient le moins,
par des coups partis d'endroits où il paraissait impossible d'amener jamais un canon.

Au reste, c'est précisément la question qu'on
débat d'un monde à l'autre, entre gens du métier,
dans ce moment-ci, savoir lequel vaut mieux et
l'emportera à la fin du canon à petit calibre, mais
mobile et maniable, ou du canon énorme, compli-
qué, mais à projectiles effroyables et à très-longue

portée. Nous autres Français, nous tenons pour
les petits canons, aussi simples que possible. Les
Américains, au contraire, rêvent des canons masto-
dontes se chargeant par la culasse, munis de plusieurs volées, en un mot des canons révolvers, où
la force de la vapeur lancerait des rochers de fonte.
En attendant qu'ils aient réalisé leur idéal, ils se
servent (il est vrai que c'est sur mer; sur terre il
faut se réduire à de bien moindres proportions) de
canons qui ont 15 pouces d'ouverture et dont les
boulets pèsent 400 livres. Dieu me garde de vouloir
préjuger la question, mais je me rappelle involontairement les bombardes du quatorzième siècle qui
n'eurent qu'un temps.

Le canon, comme toute autre arme, a reçu de la
décoration. Je ne parle pas des canons de fantaisie,
jouets d'enfants par leurs dimensions, comme on
peut en voir au musée de Cluny ou ailleurs, mais
des véritables canons servant à la guerre. Il était
rare que, pour ceux-là, l'ornementation s'étendît
sur toute leur longueur ; d'habitude on la restrei-
gnait à certaines parties. On tournait les anses en
corps d'animal, en dauphin par exemple. Les bou-

tons de culasse se prêtent surtout à ce genre de décoration; on les sculptait en tête de Méduse, en tête de lion, en lézard, etc. C'est sur cette pièce que l'artiste mettait d'ordinaire là meilleure et la plus originale de ses conceptions.

Les armes du souverain fournissaient dans chaque royaume un motif de décoration tout trouvé. On les mettait le plus souvent sur les *renforts*; quelquefois, mais plus rarement, sur la volée. (Voy., pour ces mots, p. 266.) Celle-ci appelait plutôt quelques sujets gravés, étendus en longueur. Citons comme spécimens quelques-unes des belles pièces que possède le Musée d'artillerie.

N°. 29. Un canon du règne de Louis XII, qui porte sur son renfort le porc-épic couronné lançant ses plumes, emblème du dit roi. La volée est décorée de fleurs de lis.

N°ˢ 33, 34, 35 et 36. Canons du temps de François I°ʳ. Ils portent la salamandre couronnée, divise de François I°ʳ, et sont semés d'*F* et de fleurs de lis.

N° 39, du même temps, a un aspect plus original. La partie postérieure est séparée par un cordon saillant de la volée tordue en spirale. Le seizième siècle, du reste, aima à contourner ainsi ses bouches à feu ou à les tailler à pans.

N° 44. Le bouton de culasse présente une tête de loup muselée.

Bouton de culasse.

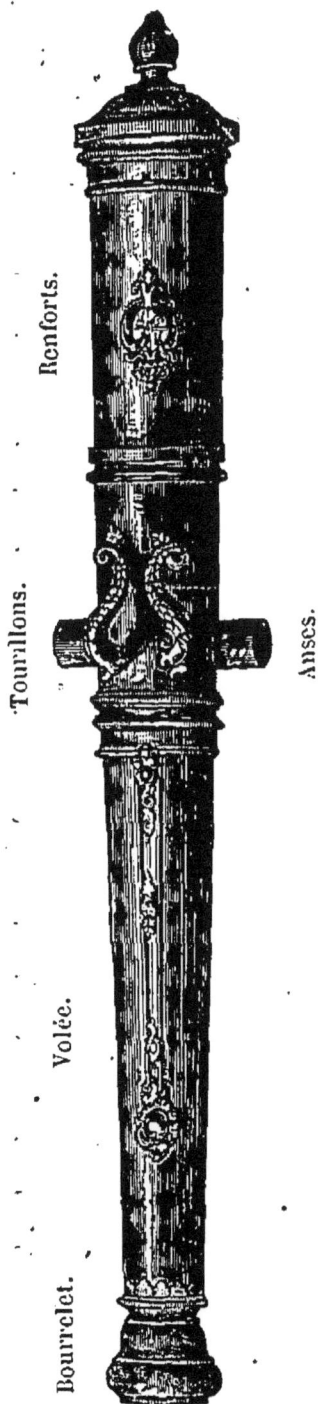

Renforts.

Tourillons.

Anses.

Volée.

Bourrelet.

Fig. 57. — Canon espagnol sous Philippe V.

Nº 47. Pièce de Henri II, taillée à huit pans, et pour décoration une *H* couronnée, le chiffre de Diane de Poitiers, avec son croissant entouré d'arcs et de lacs d'amour.

Nº 49. La volée figure une tête de dragon d'où sort la bouche de la pièce. C'est un canon de Charles-Quint.

Nº 60. La volée se termine en tête de dragon couverte d'écailles. Elle est d'origine allemande.

Nº 20. Celui-ci est un des plus beaux spécimens qu'on puisse voir de l'art décoratif appliqué au canon; il est en fer forgé. Les anses sont ciselées en dauphin. Sur le renfort s'étalent en relief les armes du roi d'Espagne Philippe V. L'origine de la volée est marquée par un petit mascaron du plus beau style, d'où part un bandeau qui suit la volée et se termine

par un médaillon. Le bourrelet porte un lambre-
quin d'une richesse et d'une simplicité admirables. Tous ces ornements sont ciselés en relief
avec une netteté et une délicatesse étonnantes.

LE FUSIL ET LE PISTOLET

Nous avons déjà dit quelques mots de l'origine du
fusil. On sait qu'au point de départ, cette arme ne
se sépare pas distinctement du canon. Comme il y
a la coulevrine qui se tire sur un chevalet, il y a la
coulevrine qui se tire à bras d'homme, ou coulevrine à main. Celles-ci furent en usage dès la fin du
quatorzième siècle ; on les appelle ici *sclopos*, d'où
plus tard viendra sclopette et escopette, ailleurs
muschite, qui a formé mousquet. Ce sont des déno-
minations locales pour désigner toujours la même
arme, plutôt, ce semble, que des termes propres à
certaines formes particulières.

Quoi qu'il en soit, les armes que renferment nos
musées et les figures retracées dans les monuments
du quinzième siècle nous montrent à cette date
trois types de coulevrines : 1° un petit canon posé
sur une sorte de pal dont on a enlevé la moitié sur
les deux tiers de la longueur, pour le rendre plan.
Le canon est maintenu là-dessus au moyen de liens
en cordes ou de brides de fer. Il est en fer forgé ; il

est percé à sa base d'une lumière qui s'évase en dehors ; c'est là qu'on mettait la poudre d'amorce et
on l'enflammait avec une mèche que le coulevrinier
portait à sa ceinture. Il fallait généralement deux
hommes pour une seule coulevrine de cette espèce ;
l'un la portait, la mettait en joue, et l'autre avec la
mèche la faisait partir ; 2° le canon, d'une grosseur
égale à sa base à celle du fût, formait une espèce de
douille dans laquelle on enfonçait ce dernier; pour
tout le reste, elle ressemble à la première (voyez
p. 175, n° 1); 3° la coulevrine que portaient ordinairement les hommes à cheval ; c'est un canon très-
court, qui se prolonge en arrière par une tige de
fer. On tenait le canon par l'extrémité de cette tige,
avec la main gauche qui servait à le diriger plutôt
qu'à le soutenir, car il était d'ailleurs porté sur une
fourchette fixée dans le pommeau de la selle, et de
l'autre main on mettait le feu. Cette coulevrine dans
les monuments se profile d'une façon singulière entre
les mains du cavalier. Je lui trouve (sans vouloir lui
faire tort) une légère ressemblance avec un instrument que je ne veux pas nommer.

À la fin du quatorzième siècle, il y avait des corps
de troupes considérables armés spécialement de
ces canons portatifs. A la bataille de Morat, l'armée
des Suisses comptait dix mille coulevrines.

Au temps de François Ier, l'arquebuse fut inventée en Espagne. Le canon, dans cette nouvelle arme,

avait plus de longueur, mais ce qui constituait la
véritable nouveauté, c'est qu'elle était munie d'un
mécanisme pour mettre le feu à la poudre d'amorce,
placée elle-même dans un réceptacle beaucoup plus
commode que le trou primitif. La lumière de l'arquebuse était percée non sur le haut, mais sur le
côté de l'arme, au-dessus d'un petit bassin ou *bassinet*. Dans ce bassinet on mettait l'amorce, sur laquelle on faisait retomber une plaque à charnière
ou *couvre-bassinet*. Quant à la mèche, elle était placée entre les mâchoires d'une pince nommée *serpentin*, qui s'abattait avec elle sur le bassinet par
le mouvement d'une détente. Il fallait que l'arquebusier, pour tirer, découvrit le bassinet, *compassât*
la mèche, c'est-à-dire lui donnât juste la longueur
nécessaire pour tomber sur la poudre en s'abattant,
enfin qu'il soufflât sur la mèche pour en aviver le
feu. On sent la distance qu'il y a encore de cette
arme au fusil à aiguille des Prussiens. On n'avait
même pas encore eu l'idée de faire des cartouches,
c'est-à-dire une poche de papier permettant d'introduire d'un seul coup dans le canon la poudre et
la balle. L'arquebusier portait une flasque pour la
poudre ordinaire, un sac à balles et un amorçoir
pour la poudre d'amorce.

Le *mousquet* ne tarda pas à faire son apparition
dans le monde. Il ne différait d'ailleurs de l'arquebuse que par son calibre et sa charge, qui étaient

l'un et l'autre doubles de ceux de l'arquebuse. Cette arme naturellement était plus pesante. On était obligé de l'appuyer sur une fourche ou *fourquine*, munie à son extrémité d'une pointe pour s'enfoncer en terre. Le mousquet et l'arquebuse furent employés concurremment dans l'armée française, mais d'abord dans de très-faibles proportions. Quand le célèbre Montluc débuta dans les armes, sous François Ier, l'arbalète primait encore et de beaucoup l'arme à feu, comme on peut le voir par ce passage : « Il faut notter que la trouppe que j'avois, n'estoit qu'arbalestriers, car encorés en ce temps-là, il n'y avoit point d'arquebuziers parmy nostre nation ; seulement trois ou quatre jours auparavant, six arquebuziers gascons s'étoient venus rendre, du camp des ennemis, de nostre côté, lesquels je retins, parce que, par bonne fortune, j'estois ce jour-là de garde à la porte de la ville ; et l'un de ces six étoit de la terre de Montluc. Que plust à Dieu que ce malheureux instrument n'eust jamais été inventé ; je n'en porterois les marques, lesquelles encore aujourd'hui me rendent languissant, et tant de braves et vaillants hommes ne fussent morts de la main, le plus souvent, des plus poltrons et plus lasches, qui n'oseroient regarder au visage celuy que de loin ils renversent, de leurs malheureuses balles, par terre, mais ce sont des artifices du diable pour nous faire entretuer. » (Michaud et Poujoulat,

. p. 9.) Il semble, à lire les contemporains, Montluc
notamment, que l'arme à feu n'offrait encore aucun
avantage réel sur l'arbalète, et qu'on la préférait à
celle-ci uniquement à cause de son bruit et de son
feu, avec lequel on espérait effrayer les chevaux et
même les hommes, s'il faut le dire. Cependant
l'arbalète ne tarda pas à disparaître. Pas bien longtemps après, vers 1535, il n'y avait plus d'arbalétriers dans l'armée française.

Déjà cependant la *platine à rouet* avait été trouvée
en Allemagne. Dans ce nouveau mécanisme, la
mèche était remplacée par une pierre à feu, un silex
maintenu contre une rondelle d'acier cannelée, que
le mécanisme faisait tourner rapidement ; la pierre,
ainsi choquée, jetait des étincelles sur le bassinet
rempli de poudre. Cela permit d'inventer le pistolet,
qui sans doute, dans sa première forme, fut cette
espèce d'arquebuse courte tenant le milieu entre le
pistolet et l'arquebuse proprement dite, qu'on appelait le *pétrinal* (voy. p. 273, n° 4). Néanmoins
on ne tarda pas à faire de véritables pistolets.

On a noté l'étonnement qu'éprouvèrent nos soldats au combat de Renty en 1554, quand ils virent
les reitres allemands venir contre l'infanterie en
escadrons profonds, et chaque rang s'arrêter suc-
cessivement à quelques pas des lignes, faire feu de
ses pistolets, puis tourner bride. L'arme et la manœuvre de ces reitres leur étaient également nou-

velles. — La gendarmerie française chargeait en haie, c'est-à-dire sur une seule ligne, que suivait, il est vrai, à quelque distance, une seconde ligne, puis une troisième. Peu de temps après, nous primes aux reîtres leur arme, le pistolet, et leur manœuvre, la charge par escadrons.

Ces premiers pistolets avaient un canon assez court; la crosse faisait avec le canon un angle presque droit, et le pommeau arrondi était relativement énorme. Plus tard, la crosse devait s'allonger et sa direction se rapprocher de celle du canon.

Il est bien entendu que la nouvelle invention du rouet fut appliquée au mousquet et à l'arquebuse, en même temps qu'au pistolet. Ces armes ainsi modifiées coûtaient fort cher, à cause du mécanisme, et sous Henri IV il n'y avait encore que très-peu de soldats qui en eussent.

Dans les premiers spécimens que nous avons du rouet, les pièces produisant le mouvement de rotation sont portées extérieurement sur une platine; le progrès consista à faire passer ces pièces derrière la platine, dans des cavités ménagées dans le bois. D'apparentes qu'elles étaient, elles devinrent invisibles.

La platine à rouet régna jusque vers 1630, où la platine dite à la Miquelet, d'invention espagnole, commença à prendre le dessus. Dans ce système, le feu était mis à la poudre d'amorce du bassinet par

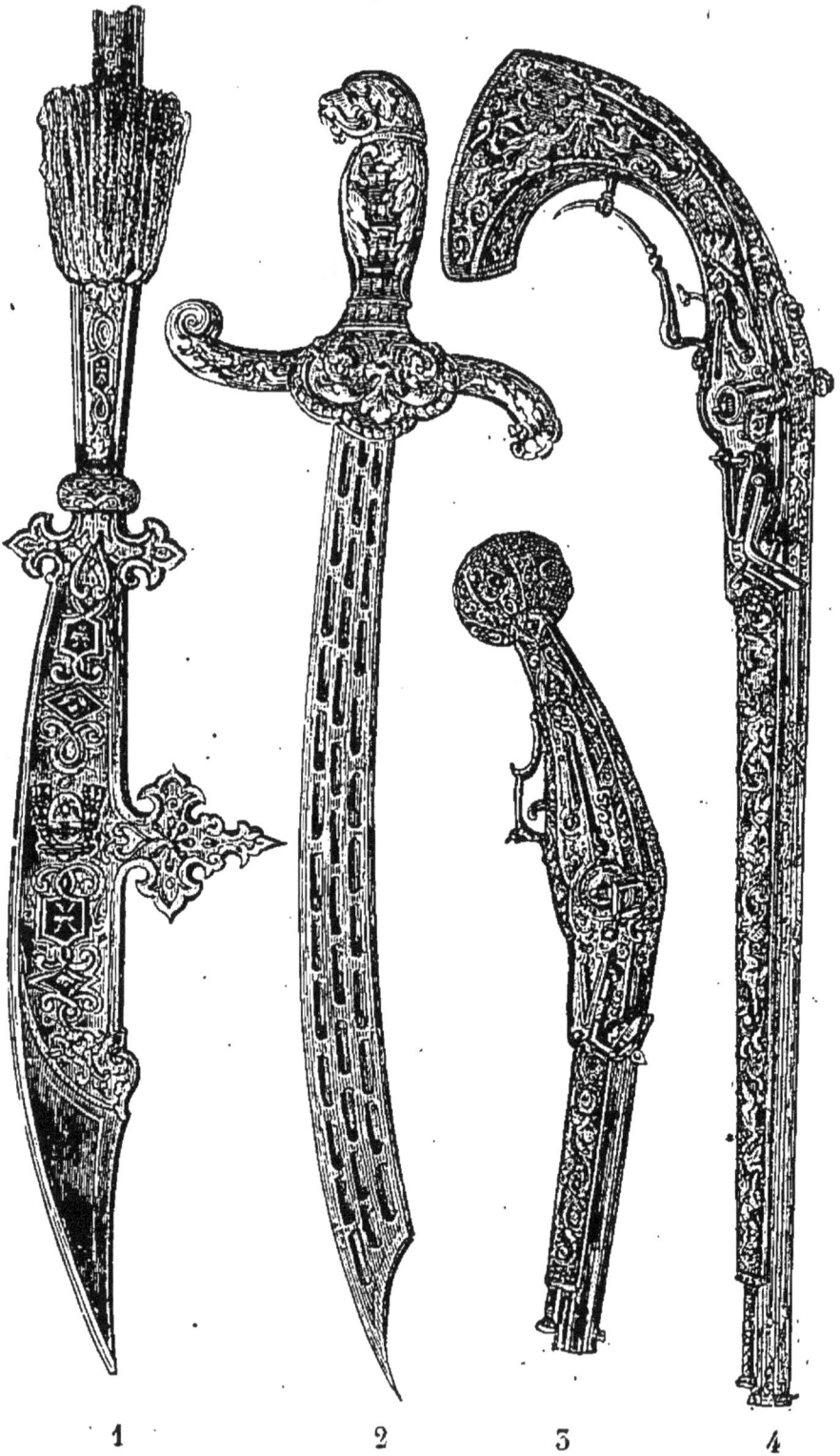

Fig. 58. — 1, Fauchard (voy. p. 250). — 2, Sabre italien (voy. p. 222).
3, Pistolet. — 4, Pétrinal (voy. p. 371).

un chien, qui tenait dans ses mâchoires une pierre
à fusil, et qui, en s'abattant, choquait la pierre avec
force contre une pièce d'acier mobile, à charnière,
recouvrant le bassinet. Cette pièce, sous le choc, se
relevait, découvrait le bassinet et permettait aux
étincelles de la pierre de tomber sur la poudre. C'est,
pour le fond et l'essentiel, le système des fusils à
pierre que tout le monde a vus, et qui est encore en
usage dans certains cantons arriérés. Ce nouveau
modèle ne fut pas admis aisément dans l'armée
française. On objectait, ce qui était vrai, que souvent les étincelles de là pierre (du *fusil*, d'où l'arme
a pris son nom par un abus de langage très-com-
mun, lequel consiste à donner au tout le nom d'une
des parties), les étincelles, dis-je, tombaient à côté
de la poudre, et que le coup ne partait pas. Aussi
essaya-t-on partiellement, pendant un temps, de
mousquets-fusils, c'est-à-dire d'armes munies du
double mécanisme de la pierre et du serpentin. Ce
ne fut qu'au commencement du dix-huitième siècle
que le fusil à silex chassa définitivement le mousquet à mèche, le mousquet à rouet ayant toujours
été, comme nous l'avons dit, une arme exceptionnelle.

Il faut aller jusqu'au commencement du dix-neu-
vième siècle pour rencontrer une modification considérable dans les armes à feu portatives. Vers
cette époque, le fusil à percussion, qui devait rem-

placer le fusil à pierre, fut inventé par un armurier
écossais, Alexandre Forsith. Tout le monde a vu les
fusils à percussion, qui sont encore les plus nombreux, en attendant qu'ils cèdent la place aux fusils
se chargeant par la culasse. Dans la forme actuelle,
l'inflammation est produite par un chien qui s'abat
sur une capsule; celle-ci est un tout petit cylindre
en cuivre, garni à l'intérieur d'une matière fulminante.

Quelques mots sur les *fulminates* sont nécessaires. On appelle ainsi des ammoniures d'or, d'argent, de platine ou de chlorate de potasse, compositions instables à qui la légère chaleur produite
par un choc suffit pour dégager leurs éléments avec
inflammation. Ces sels furent découverts, de 1785
à 1787, par Fourcroy, Vauquelin et Berthollet, et
tout de suite on pensa à les utiliser pour les armes
à feu. C'est, comme je l'ai déjà dit, Alexandre Forsith qui le premier réussit à faire un fusil passa-
ble, partant avec un fulminate. Son invention, connue en France en 1808, y provoqua chez les armu-
riers une émulation qui se traduisit par des armes
à percussion, conçues dans les formes les plus diverses. Tous ces fusils présentaient des inconvénients
assez graves. En 1820 seulement, en Angleterre
d'abord, et puis bientôt en France, on commença de
fabriquer le fusil à capsule. Ce petit dé, dont nous
avons déjà parlé, fermé à un bout, ouvert à l'autre,

et portant une légère couche de fulminate attachée
à son fond intérieur, s'écrasait déjà comme aujourd'hui entre un chien et la pointe d'une cheminée.

Quand on voulut introduire cette arme nouvelle
dans l'armée française, on eut la malheureuse idée
d'y ajouter un mécanisme qui plaçait la capsule
sur une cheminée, sans le secours de la main. Ce
problème mal résolu donna lieu à des fusils compliqués, qui faillirent compromettre la cause de la
percussion. Ce ne fut que vers 1840, qu'en se rési-
gnant à la capsule libre placée sur la cheminée
avec la main, on trouva enfin une arme commode,
propre à la chasse et à la guerre. Dès cette époque, le
fusil à percussion remplaça le fusil à silex dans
l'armement du soldat français.

On voit que, pendant plusieurs siècles, les efforts
de l'esprit d'amélioration, du moins les efforts
utiles, se sont portés exclusivement sur un seul
point, sur le mécanisme propre à faire partir le
fusil en enflammant la poudre. Ce n'est que dans
ces derniers temps qu'on a amélioré le fusil lui-
même, qu'on lui a donné plus de portée et de justesse. Ce n'est pas cependant qu'on ne s'en fût
préoccupé ; on avait même, depuis des siècles,
trouvé tous les principes des améliorations modernes, mais on n'avait pas su en tirer les conséquences.

Pour pouvoir couler une balle dans un fusil ordinaire, il faut nécessairement que le diamètre de la
balle soit plus petit que celui du canon, d'autant
qu'il faut compter sur l'encrassement de celui-ci.
On nomme *vent* la différence des deux diamètres.
Le *vent* est la première cause du défaut de justesse
dans le tir. En voici une seconde : la balle contient
toujours un vide à l'intérieur, par l'effet de la con-
densation qui suit son refroidissement dans la fonte.
Il en résulte que le centre de pesanteur du projectile est toujours plus ou moins à côté de son centre
d'étendue. On avait été frappé de ces inconvénients
dès le premier âge du fusil ; et on avait pensé à y
obvier dès le quinzième siècle, précisément par les
mêmes moyens qui nous ont si bien réussi. Ces
moyens consistent à rayer l'intérieur du canon de
deux ou trois raies creuses et à *forcer* la balle, en
l'écrasant dans le canon, de telle sorte qu'elle soit
obligée de s'engager dans les rayures. Les effets du
vent sont par là supprimés.

Les premières rayures qu'on fit furent parallèles
à l'axe du canon. Mais on ne tarda pas en Allemagne à faire des rayures en spirale; c'est justement la forme de nos rayures actuelles. Pourquoi
ces spirales? Au quatorzième siècle déjà, avant
l'invention du fusil, et à l'occasion des arbalètes,
on avait reconnu ce fait important, que le projectile portait plus juste et plus loin quand, par un

moyen quelconque, on lui imprimait un mouvement
de rotation ; c'est pour obtenir cet effet que les
plumes dont sont garnis les traits d'arbalètes du
quatorzième siècle étaient inclinées d'une certaine
manière sur l'axe du trait. Les rayures en spirale
sont un autre moyen pour arriver au même résultat. On voit que les deux principes sur lesquels sont
construites nos armes modernes remontent déjà
assez haut. Ce qui étonne, c'est qu'avec cela on ne
soit pas arrivé plus tôt à exécuter des canons égaux
en portée et en justesse à ceux que nous avons à
présent.

Pendant le cours des dix-septième et dix-huitième siècles, le fusil ou la carabine rayée ne furent
employés dans les armées qu'à titre d'armes exceptionnelles, et pour certains corps d'élite, d'ailleurs peu nombreux. En 1793, on donna une carabine rayée aux officiers et sous-officiers d'infanterie légère. Cette carabine se chargeait trop lentement,
parce qu'on forçait la balle au moyen d'un maillet,
dont on frappait sur la baguette. Elle avait d'ailleurs
assez de justesse, mais peu de portée. On l'abandonna vers la fin de l'Empire.

En 1826, le capitaine Delvigne imagina un nouveau mode de forcer la balle dans le canon. On
ménageait au fond du canon un rétrécissement
qu'on appelait la chambre. La poudre la remplis-
sait ; la balle mise par-dessus trouvait un arrêt dans

l'anneau saillant de la chambre. Avec la baguette, on l'écrasait sur cet anneau résistant, ce qui la forçait d'une manière bien plus expéditive qu'on ne pouvait le faire auparavant avec le maillet. Mais cette arme présentait en revanche des inconvénients.

La balle, pénétrant plus ou moins dans la chambre, sous le choc de la baguette, tassait la poudre, ce qui produisait, pour le tireur, de fortes secousses. L'axe de la balle ne coïncidait pas avec celui du canon ; les rayures s'encrassaient. Au reste, cette arme fut l'occasion d'une série d'expériences, conduites avec cette méthode et cette précision qui caractérisent l'esprit moderne. On parvint à déterminer, non sans quelques tâtonnements, quelle charge de poudre et quelle longueur de canon donnent les résultats les plus favorables. On reconnut que pour avoir de bons effets il ne fallait pas multiplier les rayures, ce qu'on avait fait d'abord, et on les réduisit à six. On trouva que ces rayures devaient être d'une profondeur de 5 millimètres, de manière que les balles forcées n'atteignissent pas le fond de la rayure ; qu'elles devaient avoir un creux arrondi. Enfin, après avoir essayé de donner à la rayure totale des formes diverses, notamment la figure parabolique, on s'arrêta à la contourner dans le canon en forme d'une hélice très-allongée. Nous n'avons pas à entrer ici dans des détails techniques; ce que nous avons dit suffit pour montrer le caractère scientifique des armes modernes. C'est là, soit dit en passant, ce qui appelle sur elles l'intérêt et la curiosité que les armes des autres âges doivent seulement à leur extérieur, à l'élégance des formes ou à la richesse de la décoration. L'armement ancien relevait de l'artiste, le nôtre relève du savant.

Il résulta des études dont nous venons de parler sommairement, une première carabine de munition, système Ponchara, dont nous ne traiterons pas, parce qu'elle fut bientôt primée par la carabine Minié. Celle-ci a pour trait distinctif une tige de fer placée à la culasse dans l'axe du canon. Cette tige fait l'office de la chambre Delvigne que nous avons vue plus haut. La balle s'arrête sur une tige, et cet appui permet de l'écraser avec une baguette, c'est-à-dire de la forcer. On remplaça en même temps la balle sphérique par une balle cylindro-conique.

Après des expériences réitérées, cette carabine fut adoptée en 1846 pour les régiments de tirailleurs. Voici en quelques mots les dimensions de cette arme : le canon long de 0^m,868 à 0^m,017 de calibre : il a quatre rayures d'un pas de 2 mètres, c'est-à-dire que la rayure qui s'élève dans le canon en tournant, n'a accompli son tour, et ne repasse par la même perpendiculaire, qu'à la distance de 2 mètres.

On voit qu'au bout du canon la rayure n'a pas encore accompli son tour, puisqu'il n'a pas tout à fait un mètre. La charge de poudre est de 40^{gr},50. La balle (devenue cylindro-ogivale) pèse 47^{gr},02. Le canon est surmonté d'une hausse mobile garnie d'un curseur, c'est-à-dire d'une petite plaque, qui, glissant dans la coulisse de la hausse, permet d'élever le point de mire et de viser de but en blanc à des distances déterminées, jusqu'à 1,000 mètres.

En 1858, toute l'armée française reçut des armes rayées. Le fusil de munition, qui fut adopté alors, est conçu dans un système plus simple que la carabine Minié. Il n'y a pas de tige pour forcer la balle; mais ce qui produit le même résultat, c'est que cette balle de forme ogivale est évidée dans sa surface inférieure. Les gaz, en pénétrant lors de l'explosion dans l'évidement, dilatent la balle, qui, en conséquence, se force dans le fusil.

On a naturellement pensé à étendre cette simplification à la carabine Minié. On lui a ôté sa tige, et la balle de cette arme se force aujourd'hui par le même phénomène que la balle du fusil ordinaire. Quant au reste, la carabine Minié est demeurée ce qu'elle était auparavant.

Voilà où on en est, en France, au moment où nous écrivons ; mais il est plus que probable que dans peu de jours le fusil se chargeant par la culasse, qui depuis longtemps a prévalu sur les anciens

systèmes comme arme de chasse, les remplacera
aussi dans les armes de guerre. Le fameux fusil à
aiguille des Prussiens, ou quelque autre équi-
valent, va devenir l'arme réglementaire du soldat
français.

Le fusil se chargeant par la culasse n'est pas une
nouveauté; il y a des arquebuses à rouet conçues
dans ce système, comme on peut le voir au Musée
d'artillerie à Paris. L'idée, par conséquent, remonte
au moins au seizième siècle. Nous savons d'ailleurs
que, pour les canons, c'est par là qu'on a débuté;
en sorte que, si dans quelque temps nous voyons
apparaître chez nous le canon se chargeant par la
culasse (que les Prussiens ont déjà), ce sera seulement un retour aux procédés primitifs. Décrire tous
les modes divers imaginés pour arriver à ce résultat
de charger l'arme par derrière, serait très-long et
très-fastidieux; il nous suffira de parler du fusil
Lefaucheux, qui est le système le plus répandu
pour les armes de chasse et, comme arme de guerre,
du fusil à aiguille qui vient de débuter avec tant
d'éclat.

Dans le système Lefaucheux, la *sous-garde*, composée de deux pièces de fer articulées, maintenues
en ligne droite par une plaque rigide, qui les sup-
porte, se brise quand on lui ôte l'appui de la plaque
en question, laquelle peut tourner sous l'effort de
la main autour de son axe dans le sens horizontal.

La *sous-garde*, dans cette espèce de mouvement de bascule, entraîne le canon, qui est séparé de la culasse, et le *tonnerre*, c'est-à-dire la chambre où l'on met la cartouche, est ainsi à découvert. La cartouche qu'on y insinue porte à sa base une large capsule avec un petit clou qui s'adapte à un trou percé dans la base du canon; on redresse canon et sous-garde, on ramène la plaque rigide sous cette dernière, et le chien, en s'abattant sur le petit clou, détermine l'inflammation de la capsule. Au reste, il est peu de personnes qui ne connaissent le mécanisme de cette arme.

Passons au fusil à aiguille, qui vient d'arriver tout d'un coup à une célébrité universelle. Son mécanisme est assez simple, quoi qu'on en ait dit. Le canon, à sa partie postérieure, offre une entaille, arrondie à son extrémité antérieure, se prolongeant selon deux lignes droites en arrière, et se continuant avec un rétrécissement jusqu'au bout du canon, qui est ouvert. C'est par cette entaille qu'on insinue la cartouche dans le canon, cartouche garnie d'une petite balle conique, d'une charge de poudre ordinaire et d'une amorce entre les deux. On introduit ensuite par le fond, ouvert, comme nous l'avons dit, un petit cylindre creux, qui est surmonté d'une clef rappelant par sa forme celle de certains poêles. Cette clef, on l'engage dans cette espèce de petit canal dont nous avons parlé; le

cylindre à laquelle elle adhère avance naturellement en même temps dans le canon. Quand le
cylindre englobant la cartouche occupe l'entaille
et la ferme, on incline la clef à gauche; dans
cette position, la clef, arrêtée à l'angle de l'entaille, ne peut pas reculer ni le cylindre non plus,
par conséquent; le fusil est chargé, il ne reste qu'à
tirer.

Le cylindre est creux, avons-nous dit, mais non
pas vide; il renferme un ressort à spirale, qu'on
tend en arrière par le moyen d'un petit anneau, sortant du cylindre. Le ressort entraîne avec lui une
aiguille dont il est garni à sa partie antérieure.
Quand on presse la détente du fusil, le ressort se
distend en avant, poussant l'aiguille qui va, à travers l'enveloppe de la cartouche et la poudre, frapper l'amorce et déterminer l'explosion. Cette aiguille, dont on a tant parlé, rappelle, comme on
voit, le mécanisme de certains jouets d'enfant que
tout le monde connaît.

Comme la chambre où l'on dépose la cartouche
est plus grande que le reste du canon, la balle s'é-
tire et se force au moment de l'explosion, ce qui
ajoute à la portée et à la justesse de l'arme, munie
d'ailleurs d'une hausse pour viser. On peut tirer
dix à douze coups par minute, tandis que les fusils
ordinaires fournissent à peine deux coups dans le
même temps.

Ce fusil, outre les avantages dont nous venons de parler, offre celui de ne pas se scinder en deux par un mouvement de bascule, comme la plupart des fusils se chargeant par la culasse, comme les fusils Lefaucheux, par exemple, que tout le monde a vus. Avec le système Lefaucheux, on ne pourrait guère ajouter aux fusils une baïonnette, ou du moins les violents mouvements qu'on ferait pour s'en servir occasionneraient la séparation involontaire des deux parties, qui rendrait impossible la continuation du combat.

Les inconvénients du fusil à aiguille viennent d'abord de son aiguille, qui peut se casser ; il faut alors dévisser le cylindre et ajuster au ressort une autre aiguille. Les soldats prussiens, dans cette prévision, en portent toujours deux ou trois de rechange. L'opération du dévissage n'est pas longue, elle l'est déjà trop cependant pour un soldat en face de l'ennemi. Puis l'arme s'échauffe rapidement, et, pour prévenir les dangers qui en résultent, on est obligé de ne pas tirer aussi souvent qu'on le pourrait et de perdre ainsi volontairement une partie des avantages naturels de l'arme. D'ailleurs il deviendrait difficile à chaque soldat de porter sur lui assez de munitions pour suffire à la consommation d'un pareil fusil. Dans l'armée prussienne, on se contente de donner à chaque homme soixante cartouches, ce qui est beaucoup ; aussi a-t-on déjà diminué la grosseur de la balle, qui est sensiblement plus petite que celle des fusils ordinaires[1].

L'art de décorer des arquebuses, des mousquets, et plus tard des fusils, a produit des œuvres très-remarquables. En général cependant, on peut reprocher aux armes de cette espèce une surcharge d'ornements dont l'aspect total n'est pas agréable à l'œil. Chaque détail en lui-même est très-méritoire souvent, mais il résulte de l'ensemble des lignes disgracieuses ou compliquées. D'ailleurs la décoration a presque toujours eu pour effet de diminuer la commodité de l'armée décorée.

Ce qui constitue ordinairement la décoration dans les premiers temps, ce sont des plaques d'ivoire ou de nacre, découpées suivant les figures les plus variées (chiens, oiseaux, bêtes fauves, fleurs, arbres et personnages), incrustées dans la crosse et dans la sous-garde, parfois avec une surabondance telle, que le bois ordinaire disparait presque. D'autres fois, ces figures sont sculptées directement sur le bois de la crosse et avec d'assez hauts reliefs, ce

[1] Depuis que ceci a été écrit, il est arrivé ce que nous avions prévu, comme tout le monde, du reste. Le fusil Chassepot, qui se charge par la culasse, est devenu l'arme réglementaire de l'armée française.

qui devait rendre l'arme, comme on peut penser,
assez rugueuse à la main. Quand la ciselure des
parties métalliques se restreint au point de mire,
à la visière, c'est-à-dire à cette bande de métal transversale qui marque le fond du canon, à la platine
ou à la garde de la détente, cela va encore bien;
l'ornementation en reçoit un cachet de sobriété
très-louable. Malheureusement on a souvent ciselé,
et même en ronde bosse, tout ou partie du canon.
Passe encore pour de la gravure sur le canon; elle
ne détruit pas la simplicité des lignes. Une façon
simple et heureuse d'obtenir des effets décoratifs,
c'est aussi de tailler les canons à pans.

Les trois mousquets que nous figurons ici appartiennent au Musée d'artillerie à Paris. Le numéro 1
présente ce genre de décoration que nous avons cri-
tiqué; sa crosse est sculptée et fouillée. La décoration du numéro 2 consiste en incrustations de nacre,
ce qui vaut beaucoup mieux. Le numéro 3 est un
mousquet à mèche qui a appartenu au cardinal de
Richelieu. Je ne puis mieux faire que de copier la
description de cette arme remarquable dans le ca-
talogue de M. Penguilly l'Haridon. « Le canon, taillé
en carré à sa partie inférieure, ciselé et en partie
doré, présente trois médaillons ovales de guerriers
armés à l'antique ciselés en relief; la visière offre
deux têtes de bélier accouplées. La partie supérieure
du canon, ciselée en colonne cannelée, porte un

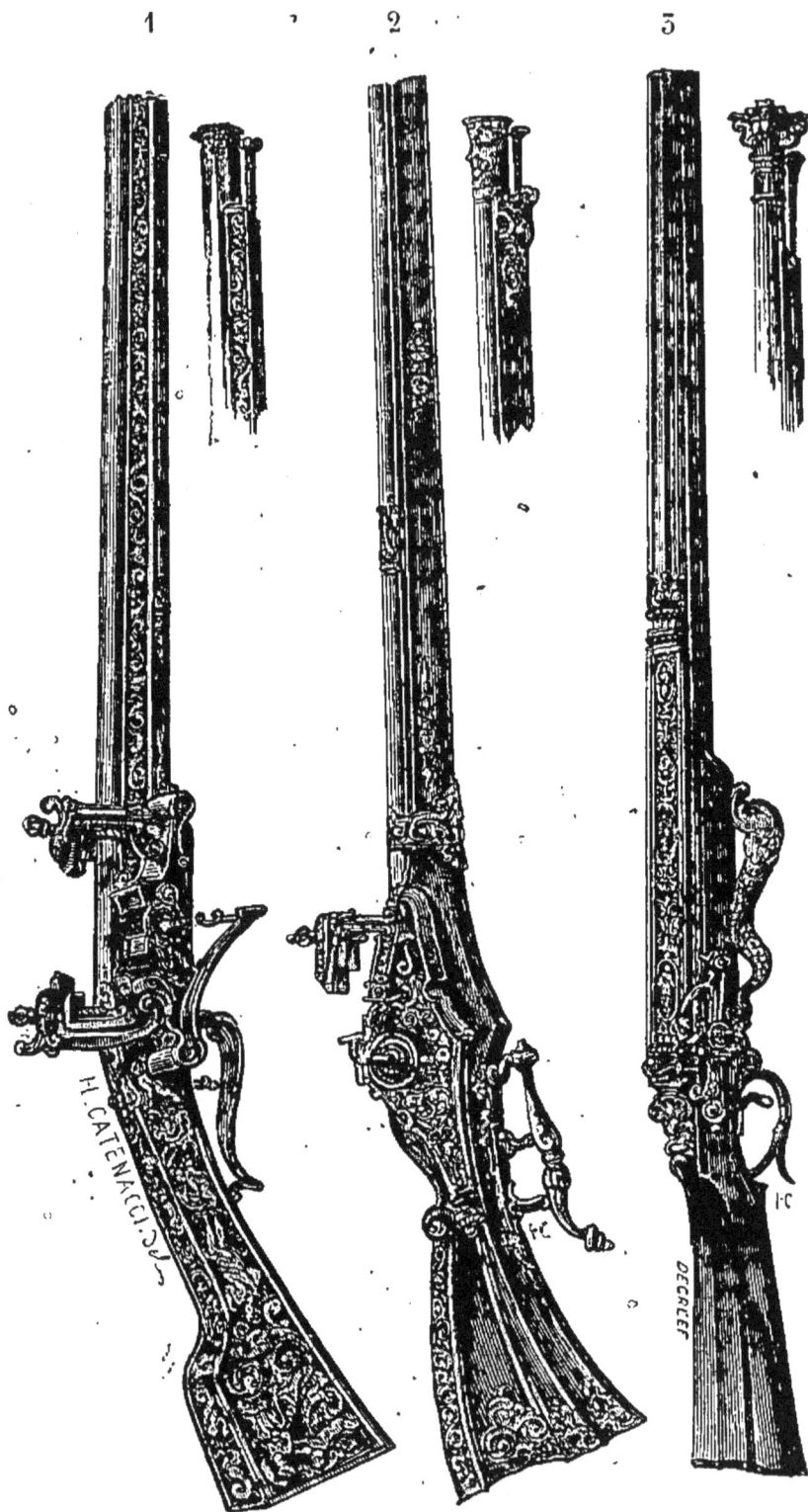

Fig. 59. — Mousquets décorés.

chapiteau dont les montants sont des cariatides
sculptées en ronde bosse. Le corps de platine, entièrement ciselé sur fond d'or, présente une tête de
Méduse en relief. Sur le fût, en bois de merisier,
est la figure sculptée d'un dauphin ; à la crosse, au-
dessous du tonnerre, un beau masque d'homme,
surmonté d'une coquille ; à la plaque de couche sur
fond d'or, on remarque les armes à trois chevrons
de Richelieu et le chapeau de cardinal. »

CONCLUSION

Il y aurait un curieux mais long chapitre à écrire sur le parallèle qui a été fait souvent, et dans les sens les plus divers, entre les armes anciennes et les modernes, c'est-à-dire entre les armes blanches et les armes à feu. On rencontrerait sur ce terrain des esprits singulièrement originaux et dont la conversation ne manquerait pas d'intérêt à coup sûr, à commencer par le brave capitaine la Noue, et à continuer par Montecuculli, Turenne, le maréchal de Saxe, le roi de Prusse Frédéric II, jusqu'à Napoléon. Nous ne pouvons ici qu'indiquer quelques-uns des principaux traits d'un pareil chapitre.

Du temps de la Noue, c'était encore une des préoccupations principales des généraux que d'avoir une infanterie qui tînt tête à la cavalerie ; la Noue, avant Gustave-Adolphe, émit l'opinion que des fantassins

exercés devaient repousser les cavaliers, rien qu'a-
vec leur feu, sans avoir presque besoin du secours
de l'arme blanche. Il va encore plus loin dans un
de ses paradoxes spirituels : il y avance qu'il se
chargerait de défaire une compagnie de gens
d'armes, c'est-à-dire de cavaliers armés de la longue
lance, avec une compagnie de reitres, armés seulement du pistolet et de l'épée; donc, suivant la Noue,
ce serait le feu qui gagnerait les batailles.

Au dix-septième siècle, Montecuculli n'est pas
tout à fait du même avis, et, au dix-huitième, le
maréchal de Saxe, qui développe et exagère les opinions de Montecuculli, soutient une thèse toute contraire à celle de la Noue. Mais il faut remarquer
qu'à cette époque-là l'infanterie ayant décidément
pris une importance capitale, le problème est tout
différent : il s'agit de savoir lequel vaut le mieux du
fer ou du feu, non plus contre la cavalerie, mais
contre l'infanterie. Le maréchal de Saxe, à l'appui
de ses opinions, fait remarquer combien peu sont
meurtriers le canon et le fusil relativement au
nombre des coups tirés. On savait déjà, dans ce
temps-là, qu'il fallait, pour tuer un homme sur le
champ de bataille, dépenser à peu près son poids
de plomb. Le maréchal objecte, contre ce qu'il appelle la *tirerie*, des arguments d'autant plus inté-
ressants qu'ils sont empruntés à l'observation mo-
rāle ; il dit, par exemple, que de deux troupes s'a-

vançant l'une sur l'autre, celle-là sera battue qui
tirera la première, parce que le soldat qui a tiré,
s'attendant à voir son adversaire renversé ou en
fuite, s'étonne et se décourage dès qu'il le voit continuer de s'avancer sur lui la baïonnette en avant,
et finalement tourne le dos ; c'est là, ajoute le maréchal, ce qu'on appelle charger à la baïonnette.
On voit, par ce que dit cet illustre homme de guerre,
confirmé d'ailleurs par de très-nombreux témoi-
gnages, qu'on se forme généralement de ces charges
l'idée la plus fausse ; il est rare qu'on se batte réellement corps à corps, comme au moyen âge et dans
l'antiquité, ou du moins c'est beaucoup plus rare
qu'on ne croit ; ordinairement, c'est le plus décidé
qui chasse l'autre, et tout dans ces charges se passe
presque en effets moraux.

Il semble, d'après cela, que le courage humain
a changé quelque peu de nature depuis l'antiquité,
et cela n'a rien d'étonnant. De même que dans les
premiers temps des armes à feu certains militaires, très-braves pour le combat à l'arme blanche,
se montraient intimidés par le feu, de même plus
tard la désuétude des combats corps à corps les
aura rendus redoutables, même aux bonnes
troupes.

On pourrait se demander laquelle de ces deux
formes de courage est supérieure. Pour ma part,
il me semble que, dans le courage moderne, il y a

plus de sang-froid, de clairvoyance, de conscience,
autant dire plus de vrai courage que dans l'autre,
où l'irréflexion pouvait bien tenir lieu d'énergie,
car, en se démenant l'épée ou la lance au poing, on
n'a pas loisir de réfléchir beaucoup ; et puis la co-
lère naturelle à l'homme qui se sent menacé, l'instinct de conservation en révolte, n'ont pas le temps
de se refroidir et de faire place à d'autres sentiments.

Frédéric II, en inventant la charge en douze
temps, ou du moins des mouvements réglés, qui
permirent aux troupes de fournir un feu plus
nourri, donna aux armes à feu une nouvelle supériorité sur les armes blanches. Après lui, jusque
dans ces derniers temps, on a agité la question de
savoir laquelle valait mieux ou de la fusillade rapide et nombreuse, quoique tirée un peu au hasard,
ou des coups irréguliers et plus rares, mais mieux
ajustés. Les armes de précision, les fusils rayés,
et surtout la dernière invention moderne, le fusil
à aiguille, ont tranché, ou plutôt ont supprimé
presque toutes ces questions. Il est clair à présent,
avec des fusils qui portent si loin et si juste, que
le feu est ce qu'il y a de plus redoutable ; la baïonnette, qui représente les armes blanches dans la
guerre moderne, est subalternisée. La cavalerie,
que les fantassins peuvent abîmer avant qu'elle
arrive sur eux, ne compte plus pour grand'chose.

Enfin, toujours à cause de la précision des armes,
le feu le plus rapide devient suffisamment juste,
à petite distance, pour causer les plus grands ravages.

Ce qui est arrivé pour le fusil a eu lieu pour le
canon, et avec des effets bien plus marqués. Il atteint le but de si loin, il est si mobile et si commode à placer là où l'on veut, qu'il n'y a plus guère
moyen de combattre l'artillerie que par de l'artillerie.

Malheureusement, à cette supériorité les armes
modernes en joignent une autre, suite de la première, et qui est on ne peut plus déplorable.

On a dit que les batailles antiques faisaient pé-
rir plus de monde que les nôtres. Il y a bien à répondre sur ce sujet. On n'avait pas autrefois des
habitudes bien rigoureuses de statistique, et on
sait que l'homme qui a assisté à un combat y suppose volontiers plus de carnage qu'il n'y en a eu,
soit qu'il ait l'esprit frappé, soit pour toute autre
raison. Nous avons d'ailleurs assez de preuves
qu'en fait d'événements militaires l'antiquité était
fort portée à l'exagération. Puis, s'il y a eu véri-
tablement, comme les historiens le racontent, des
armées entières anéanties dans une bataille, cela
tenait non à la puissance meurtrière des armes,
mais à diverses causes : à la tactique de l'époque,
par exemple, qui ne permettait pas aux vaincus,

mêlés avec les vainqueurs, de se démêler aisément et de quitter le champ de bataille en bon ordre de défense. Ce qu'il y a de sûr, c'est que les armes blanches ou les armes de jet dont on se servait, quand elles ne tuaient pas sur le coup, faisaient des blessures simples, régulières pour ainsi dire, aisées à reconnaître, à sonder et partant à guérir, ou qui du moins auraient été telles pour la chirurgie de notre temps. Les armes à feu produisent de bien autres effets. Les chirurgiens qui, comme Dupuytren et Larrey, ont l'expérience des champs de bataille, ne tarissent pas sur les ravages compliqués, inattendus, bizarres et effrayants que les projectiles causent dans le corps humain.

Sans avoir rien vu ni rien lu, on devine bien que les boulets de canon produisent d'effroyables blessures, presque toujours mortelles. Ce qu'on ne peut pas deviner, c'est que les balles elles-mêmes, pénétrant profondément dans le corps, selon les lois complexes du choc, entraînant d'ailleurs avec elles souvent quelque partie des matières qu'elles sont sujettes à rencontrer, ou arrivant meurtries et déformées en mille manières, causent des plaies d'une diversité étonnante, à dérouter les plus habiles chirurgiens, extrêmement douloureuses dans leurs suites, et d'une guérison lente, difficile, toujours incertaine, toujours menacée de phénomènes morbides aussi compliqués que la blessure elle-même.

Avec les armes rayées maintenant, c'est encore pire. Les balles plus ou moins pointues percent tout, brisent tout; les os même les plus durs qu'elles contournaient autrefois, elles passent au travers. Les membres sont perdus la plupart du temps. L'amputation ou la mort tendent à devenir la suite inévitable de toute blessure. En songeant à ce faux et terrible progrès, il me semble qu'on se doit de finir un livre sur les armes, si désintéressé et si purement descriptif qu'il soit, par un vœu, par un espoir humain. Cet espoir, c'est que l'homme fera encore des progrès dans l'art de détruire, assez de progrès pour qu'à la fin il s'arrète, épouvanté devant sa propre puissance.

TABLE DES GRAVURES

TABLE DES MATIÈRES

        ou par leur étrangeté.   181

      . Armes défensives occidentales   186
        Armes défensives orientales.   205
        Armes blanches occidentales.   217
        Armes blanches orientales.   222
        Armes d'hast.   226

XI. — Armes modernes.   239

      . L'artillerie.   239
        Le fusil et le pistolet.   267

        Conclusion.   292

PARIS. — TYPOGRAPHIE LAHURE

Rue de Fleurus, 9

www.ingramcontent.com/pod-product-compliance
Lightning Source LLC
Chambersburg PA
CBHW070232200326
41518CB00010B/1538